能登牛本訂正箇所一覧

該当箇所	誤	正
P31 中段	肉用牛生産指導場（珠洲）	肉牛生産指導場（内浦）
P37 中段	肉用牛生産指導場（珠洲）	肉牛生産指導場（内浦）
P37 下段	畜産試験場（羽咋）	畜産試験場（押水）
P37 下段	肉用牛生産指導場（珠洲、）	肉牛生産指導場（内浦、）
P44 表中	平成30年　宮城県	平成29年　宮城県
P50 中段	平成23年（2010）	平成23年（2011）
P50 下段	と、能登牛全体での年間出荷頭数は2005頭	全削除
P51 中段	平成23年（2010）	平成23年（2011）
P52 下段	年間約900個生産	年間約1200個生産
P64 中段	肥育の部で1等賞に輝き、	優等賞
P65 中段	肥育の部で1等賞に輝き、	若雌の部で1等賞に輝き、

能登牛

〜能登で育まれた牛の軌跡〜

谷本正憲・大屋俊英・寺岡一夫・平山琢二

執筆者

谷本正憲　　　石川県公立大学法人理事長

大屋俊英　　　公益社団法人石川県畜産協会専務理事

寺岡一夫　　　寺岡畜産グループ会長

平山琢二　　　公立大学法人石川県立大学教授

編集者

平山琢二　　　前掲

まえがき

　本書は、「能登牛（のとうし）」について、初めて体系的に纏められた書物となる。能登牛は、石川県を代表するブランド和牛で、生産される頭数が極めて少ないことから"幻の和牛"とも呼ばれている。

　本書では、能登牛のルーツを辿りながら、牛と人、文化や経済を取り巻く環境まで言及する内容となっている。また、和牛の基本的な情報や日本人と牛の関係までも網羅しており、能登牛を通して「牛」への理解も深められる内容となっている。

　第1章から第3章までは、牛の起源についての内容で、第4章から第7章までは、能登牛について誕生から現在に至るまでが記載されている。さらに、第8章には、著者の能登牛に対する想いが綴られている。第9章には、牛についての豆知識が記載されている。

　平成27年（2015年）の北陸新幹線開業に伴う首都圏からの往来増加によって、石川県の特産品が首都圏を中心に広く全国に知れ渡ることとなった。能登牛の需要も一段と高まっている中で、本書では、能登牛の歴史を踏まえながら、これからの展望まで包括的に取り入れた内容となっている。

　本書を通して、石川県の文化や歴史に触れ、日本海に面した能登地方の環境まで想いを馳せてもらえれば幸いである。

令和5年（2023年）3月

執筆者一同

目　次

第 1 章
家畜としての牛の始まり

平山琢二

1.　牛の誕生

　牛の祖先は、ウシ科ウシ属に属するオーロックス（Aurochs）と言われており、原牛とも呼ばれるオーロックスを人類が家畜化することで、現在の牛が誕生したとされている。

　オーロックスには、Aurochs、African Aurochs および Indian Aurochs の 3 亜種がいたとされている。Aurochs はユーラシア大陸に広く分布し、African Aurochs は北アフリカに分布し、Indian Aurochs はインド亜大陸に分布していたとされている。

　オーロックスの体格は体長約 250〜310cm、体高約 140〜185cm、体重約 600〜1,000kg とされている。また、体色は雌雄差があり、オスが黒褐色または黒色、メスは褐色である。角は大きく滑らかで、長さは 80cm 程度であったと言われている。

　ユーラシア大陸全体および北アフリカに生息していたオーロックスは、開発による生息地の減少や食用などとしての乱獲、家畜化などによる人為的淘汰圧が強まったことで消滅していった。一般的に、人が動物を飼うようになると、自然淘汰圧は弱まり、人為的淘汰圧が強まることで野生の個体数が減少する。オーロックスは、1627 年にポーランドで保護されていた最後の一頭が死んだことで絶滅した。

写真　ラスコーの洞窟壁画
マドレーヌ期（紀元前 2 万年～紀元前 1 万年前）
（牛の博物館 HP より転載）

2．牛の家畜化

　牛の家畜化は、今から約 8 千年前に西アジアのイラン高原北部を中心に行われたと言われている。

　家畜化とは、一般的に動物を対象に用いられる言葉で、対象の動物の牛殖を管理し、管理を強化していく過程を指す。その過程において人は自らに有益な特徴を多く備える個体を人為的に選抜し、世代を重ね遺伝子レベルで好ましい変化が発現し、

定着していくことで家畜化は成功する。また、動物の多くは、肉用資源の確保のために飼育され、家畜化が進むにつれ乳用や役用など動物利用の幅が広がったと考えられている。

　牛の家畜化の始まりは、食糧の持続的な供給を目的として捕獲された牛が子を産み、飼い慣らすといったことから始まったと考えられている。牛は他の動物に比べ圧倒的に肉量が豊富であったことから、その家畜化が積極的に進められたと考えられる。また、牛は草本類を中心とする草食性で摂取飼料が人の食糧と競合しない点や、群れの中で社会的序列を持って生息していることから比較的管理しやすく、家畜として高いポテンシャルを有していたことも、積極的に家畜化された理由の一つと考えられている。

　その一方で、牛の家畜化は、他の家畜よりも遅れて始められた。その理由として、他の動物に比べ成長速度が遅い、繁殖性が悪いことなどが考えられている。家畜化が進んだ現在においても、牛の生産速度は豚の生産速度に比べ極めて低く、繁殖性においても、牛は年1産、1回の出産で1頭しか生まない。それに対し豚は家畜化によって、年2産、1回の出産で10頭程度が生まれる。このような点から牛の家畜化は、他の家畜よりも遅れていたと考えられている。

表　主な家畜化された動物

畜種	家畜化された年
犬	38,000〜35,000 年前
トナカイ	15,000 年前
豚	10,000 年前
猫	9,500 年前
牛	8,000 年前
羊	7,000 年前
山羊	6〜7,000 年前
鶏	5,000 年前
馬	3,500 年前

3. 牛の家畜化による変化

　多くの家畜は、その利用目的に向かって長い年月をかけて遺伝的改良が進められる。その結果、用途の違いなどによって、様々な特徴をもつ家畜（品種）が誕生してきた。イノシシが家畜化され豚になったが、家畜化によって、イノシシよりも多くの肉がとれるように胴長の体型に改良されたため、長方形の体躯となっている。

　牛の場合、乳用、肉用および役用などの目的で家畜化が進められてきており、それぞれ特徴を有する品種が誕生してきた。乳用種と肉用種では体型がまったく異なり、それぞれに有利な体型となっている。乳用種は、一般的にやせ型で骨張り、後躯および乳房が大きく発達している。肉用種は、長方形で豊かな体躯を持つ。役畜用では、やせ型であるが前躯が発達している。このように家畜化が進むにつれ、目的に合わせた形態に変化していった。

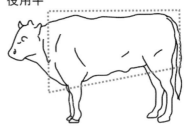

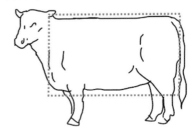

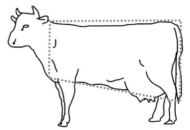

図　家畜化による
体型変化

写真　牛を追い込むエジプト人パピルス
古代エジプト　紀元前 1700 年頃
（原資料所蔵：大英博物館）

第2章
牛の特徴

平山琢二

1．牛の形態的特徴

　牛は、哺乳綱鯨偶蹄目ウシ科ウシ亜科に分類される。牛は、大きな胴体、短い首と一対の角、胴体と比べて短めで前後にだけしか動かせない脚、軽快さの乏しい比較的鈍重な動きなどが主な特徴である。牛と比較的近縁の動物として、ウシ亜目（反芻亜目）にキリン類やシカ類がある。牛の骨格は、227〜229個の骨から構成されている（2個の差があるのは尾椎数に個体差があるため）。目は頭骨に対して側面に位置し、正面を立体視しづらいものの視野角は約320°と、広い範囲を同時に見ることができ、捕食者を素早く見つけられる形態的特徴を有する。足は細長く、地面に2本の指が接地している。馬は1本の指が接地している。我々の指は物を掴むことができるなど器用な動きを特徴とするが、牛や馬の指は、より少ないエネルギーで草原などを長距離移動できるように進化した特徴がある。

　牛は、上顎の切歯と犬歯を欠くが、歯床版がまな板状に発達する。舌で口腔内に巻き込まれた草は、歯床板と下顎の切歯でかみ切られる。臼歯が発達し、摂取した草は下顎を横に動かし上下の臼歯によってすり潰される。牛の角は、洞角と呼ばれ、前頭骨からのびた角突起の周りにケラチンの鞘が被さった状態

で、生涯伸び続ける。一方、鹿の角はベルベットと呼ばれる皮膚に覆われて成長し、その後、皮膚が剥がれることで骨のみの状態となる。鹿の角は毎年生え変わる。角は外敵から身を守る時や闘争などに用いられるが、角の進化については不明な点が多い。

写真　三島牛の全身骨格標本
（牛の博物館 HP より転載）

2．牛の生理的特徴

　牛は、4 つの胃を有し複胃動物とも呼ばれ、摂取する草を効率よく消化する。1〜3 番目の胃を前胃と呼び、4 番目の胃は、我々と同様に胃液が分泌され主にタンパク質が消化される。

　摂取した草は、第 1 胃と呼ばれる 1 番目の胃に流入する。第 1 胃には、無数の原生動物や細菌などの微生物が棲んでおり、主に繊維成分が分解される。また、第 1 胃内に生息する微生物の分解産物は、牛にとっての重要な栄養分（酢酸、プロピオン酸などの揮発性脂肪酸）となる。そのようなことから第 1 胃では、牛が消化できない繊維を第 1 胃内に生息する微生物が分解し、分解産物を牛が利用するという相共生関係が成り立っている。

　第 2 胃では、第 1 胃と連携し摂取した餌を口腔内へ吐き戻して再咀嚼する反芻の機能を有している。反芻は、草を再咀嚼することで飼料の消化性を高めると同時に、食塊にアルカリ性の唾液を混合し嚥下することで、微生物による発酵で酸性化した胃内の pH を中和する作用がある。なお、第 1 胃および第 2 胃を合わせて反芻胃（ルーメン）と呼ぶ場合がある。反芻胃に流入する牛の唾液は 1 日に 50〜60L とされる。なお、反芻胃に流入する唾液には、消化酵素が含まれていないことから、第 1 胃内に生息する原生動物や細菌などの微生物は唾液によって死滅することはない。人では排尿と共に排出される尿素が、牛では唾液を介して反芻胃内に流入する。反芻胃に流入した尿素は、生息する微生物の餌として利用される。

　第 3 胃では、主に水と反芻胃で分解された栄養分が吸収され

る。また、第3胃壁はヒダ状になっており、流入した餌をふるい分けし、大きな塊は反芻胃へ戻し、第4胃に流入する餌の量を調整している。

　第4胃では、人と同様に胃液に消化酵素が含まれており、酵素を用いた消化を行う。反芻胃から餌と一緒に流入した微生物もここで酵素による分解作用を受け、動物性タンパク質源として利用される。

　牛乳は、乳生産量の大半を占めており、日本では乳用牛1頭から年間およそ8,000kgの乳が生産されている。牛の乳房は4分房4乳頭からなり、乳頭を刺激することで脳からオキシトシンが放出され、乳房内の乳腺が収縮し乳汁の分泌が促進される。乳汁は、摂取飼料中の繊維やデンプンなどの代謝産物を利用して乳腺で合成される。したがって、摂取飼料と乳汁の量・質は密接に関連しており、一般的にデンプン質を多く含む穀類の摂取によって乳糖が増加することで乳量が増加する。また、繊維分の多い乾草やサイレージなどを摂取することで乳脂肪が増加する。乳成分の合成に必要な成分は、血液から乳腺に取り込まれており、牛乳1kgを合成するのに450〜500Lの血液が必要とされている。したがって泌乳期には多量の血液が必要とされることで代謝量が著しく増加する。

　牛の筋線維数は胎生期にほぼ決定するため、生後の筋肉量は筋線維の伸長および肥大に依存することとなる。筋線維の伸長は骨成長に関連し、筋線維の肥大は運動量と関連する。脂肪組織には、皮下脂肪、筋間脂肪、筋肉内脂肪などがあるが、この

うち筋肉内脂肪の蓄積は脂肪交雑と呼ばれ、一般に霜降り肉と関連する。肥育中期は、前駆脂肪細胞が脂肪細胞へ分化する時期で、脂肪交雑の発達が盛んになる。筋肉内脂肪の蓄積は、サテライト細胞である前駆脂肪細胞の脂肪細胞への分化が促進されることで行われるが、その分化促進にビタミンCが関与しており、逆に分化阻害にビタミンAが関与している。

　草食性の牛は、前述した反芻胃を有しており、草本類のみを食べて生きていくことができる。しかし、乳や肉を効率的に生産するといった点から、栄養を補うため、濃厚飼料と呼ばれるタンパク質や炭水化物に富んだ穀物も牛に与えられている。

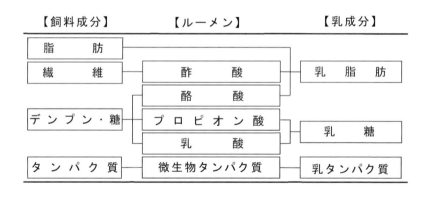

図　乳成分の主な合成経路
（新家畜生産学入門より転載）

3．牛肉の特徴

　一般的に牛肉は良質な動物性タンパク質やリン、ビタミン類を豊富に含んでいることから、栄養価の高い食肉とされる。また、牛肉にはヘム鉄が多く含む。さらにセロトニン、カルニチン、亜鉛などの機能性成分も多く含むことが報告されている。牛肉は、他の食肉に比べ繊維が密で光沢があることから美味と評価される場合が多い。また、牛肉の風味や食感は、一般的にウシの年齢や性別、さらに部位によって異なる。日本では、霜降り肉とよばれる脂肪交雑が多い牛肉が好まれる傾向にある。

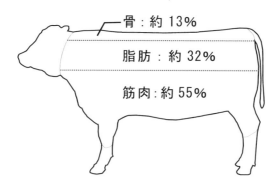

図　枝肉中の主要組成構成割合
（新家畜生産学入門より転載）

表　牛肉と豚肉の栄養成分の違い

	豚肉肩ロース	牛肉サーロイン
エネルギー（kcal）	241	460
たんぱく質（g）	17.7	11.7
脂質（g）	19.3	47.5
炭水化物（g）	－	0.3
無機質（mg）		
ナトリウム	55	32
カリウム	310	180
マグネシウム	20	12
リン	180	100
鉄	0.7	0.9
亜鉛	3.2	2.8
銅	0.09	0.05
ビタミン		
ビタミン B1（mg）	0.7	0.05
ビタミン B2（mg）	0.24	0.12
ナイアシン（mg）	4.8	3.6
ビタミン B6（mg）	0.33	0.23
ビタミン B12（µg）	0.4	1.1
葉酸（µg）	1	5
パントテン酸（mg）	0.98	0.66

（日本食品標準成分表 2020（年文部科学省）」を基に作成）

　食肉として、赤身由来の肉を焼いた時に出る独特の好ましい香りは、ピラジンやアルデヒド類によるもので、アミノ酸と糖のメイラード反応で生じることが知られている。和牛肉特有の「和牛香」という甘い香りは、ラクトン系の化合物によるものだということが報告されており、これが和牛のおいしさに寄与していると考えられている。

表　牛肉の香りの特徴

種類	特徴
生牛肉熟成香	甘いミルク臭に似た香り 鼻先で嗅いで感知できる 加熱で揮散しやすい 熟成によって生成
煮牛肉熟成香	甘く脂っぽい香り 加熱肉を噛んで感知できる 生肉にはないが煮ると生成する 加熱で揮散しにくい 熟成によって生成
焼牛肉熟成香	食肉に共通の香ばしい焙焼臭 鼻先、口中で感知できる 焼くと生成するが揮散しやすい 熟成で増強される
熟成牛肉発酵臭	発酵生ハムに似た香り 加熱肉を噛んで感知できる 長期熟成によって生成

（牛肉の魅力（日本食肉消費総合センター著）より転載）

第3章
日本での牛の始まり

平山琢二

1. 日本への牛の伝来

　日本への牛の伝来ルートは、これまでに以下の3つの経路が考えられている。

　　1. ヨーロッパ、中国北西部および朝鮮半島を経由して伝来
　　2. インド、東南アジアおよび台湾などを経由して伝来
　　3. シベリア北方を経由して伝来

　遺伝子分析の進歩により、日本の在来牛の遺伝子構成を世界各地の牛のものと比較する研究が行われ、欧州系統の牛種と近縁であることが報告された。また、インド系のこぶ牛の日本の在来牛への遺伝的寄与率は極めて低かったことが報告されている。このことから、現在ではヨーロッパから東北アジアにかけたユーラシア大陸北部で飼育されていた牛が朝鮮半島などを経て、日本に移入されたという経路が最も支持されている。

　縄文時代の遺跡から出土した骨から、当時、鹿や猪などの哺乳動物が食べられていたと考えられている。しかし、日本への牛の伝来は、紀元前に朝鮮半島を経由してからと考えられている。また、古墳時代前期には牛を形象した埴輪が存在していたとされているため、この頃には牛の飼育が始まっていたと考えられている。各地の風土記や古事記、日本書紀などの古文書に

おいて、歴代天皇の狩猟の記述があり、肉食を暗示しているが、明らかに牛を食したという記録はないことから、当時は食用ではなく役畜として飼われていたと考えられる。

飛鳥時代以降は、農耕や仏教の影響からたびたび食肉禁止令が出されていた。また、安土桃山時代に渡来した外国人によって牛肉が食べられており、彦根藩では徳川時代に牛のと殺が許され、牛肉の味噌漬を幕府に送ったとも記されているが、一般に牛肉を食べることは忌み嫌われており、牛の食肉利用は極めて限定的であったと考えられている。その一方で、牛乳の利用は盛んに行われていたとされており、室町時代には、牛のフンを堆肥として使ったことが記されているなど、牛を食用以外の農耕用・運搬用としては広く使われていたと考えられている。

江戸時代には、外国人の影響を受け、牛肉を食べるようになったと記されている。しかし、現在のような一般的な食べ方ではなく、健康回復や病の養生を目的とした高価な「薬膳」という食べ方であったとされている。このように江戸時代まで日本では、牛肉を食として楽しむという目的で食することはなかったと考えられている。

嘉永 6 年（1853 年）のペリーの来航以降、外国人居留地において牛肉の需要が高まり、と牛所を設けるなど牛肉の食肉としての利用が高まった。明治時代になると庶民の間でも牛鍋やすき焼が人気となり、各地にと牛所が設けられ、同時に食肉用の肉牛の飼育も盛んに行われるようになった。

絵　日本での牛との関わりを示す古史料
（畜産 ZOO 鑑より転載）

2．和牛の始まり

　和牛品種には、黒毛和種、褐毛和種（高知系／熊本系）、無角和種、日本短角種の 4 品種がある。このうち、褐毛和種は、品種改良の過程が異なる高知系と熊本系の 2 つの系統を含んだ血統種となっている。和牛品種は全て肉用を目的とした品種だが、霜降りの入った高級牛肉を生産する品種は、主に黒毛和種で、国内で飼養される和牛のうち約 9 割以上を本種が占めている。これらの和牛品種は、明治時代に外国の牛と交配させて品種改良が行われた経緯から、純粋な日本在来種ではないとされている。現在の和牛品種は交雑牛、改良和種を経て固定された種とされる。

　明治時代初期には、欧米から優れた性質の牛を導入し、在来牛と交配させて増やすことで、日本の牛を改良しようとする試みが進められた。その頃の日本の多くの農家は、牛を役用兼肉用として用いていた。導入された多くの牛が乳肉兼用の品種であったことや、改良目標が明確ではなかったことなどから、はっきりとした成果は得られなかった。明治45年（1912年）から、国内各地で飼われていた牛を用いて、組織立った役肉両用としての品種改良が行われ、集団としての成果が得られるようになった。既に外国牛との交雑が進んでおり、純粋な日本在来牛ではなかったことから「改良和種」と名付けられた。昭和19年（1944年）に、黒毛和種、褐毛和種、無角和種の3品種に区別し、さらに総称して「和牛」と呼んだ。昭和32年（1957年）に日本短角種が追加され、4品種からなる和牛が成立した。役用としての和牛の利用は、主に耕作と運搬であったが、20世紀後半にトラクターとトラックの急速な普及により完全に役用としての利用は消失した。牛乳生産では、乳量の多いホルスタイン種が既に導入されており、和牛の乳用利用は進められなかった。このようなことを背景に、昭和35年（1960年）代には和牛の役用としての利用は行われなくなった。

　日本在来種とその性質を引き継ぐ和牛は、肥育すると筋肉に脂肪が混ざりやすい特徴を有していた。そのような特徴は、当時は動物性タンパク質の確保という点から有利なものと認識されていなかった。しかし、肉食文化が広まり、和牛肉は他品種の牛肉では得られない柔らかさとうまみを持つことが認められ

てきた。そのようなことを背景に、脂肪交雑が多い肉を生産するための和牛飼養と品種改良が進められた。平成3年（1991年）に牛肉の輸入が自由化に伴う国際的な競争力が求められたことも背景に、脂肪交雑しやすい黒毛和種を高品質・高価格で生産する動きが加速し、現在までの和牛に繋がった。

　一方、純粋な日本在来牛は、山口県見島の見島牛と鹿児島県口之島の口之島牛が現存する。見島牛は、国指定天然記念物に指定されている。口之島牛は、大正時代の初期に山に逃げたウシが再野生化したもので、現在でも野生状態で生息している。

絵　運搬をする但馬牛『木曽海道六拾九次』
（国立国会図書館デジタルコレクションより転載）

表　日本で飼養される牛の表記

表示例	牛トレーサビリティ法での種別
和牛	黒毛和種
	褐毛和種
	日本短角種
	無角和種
	黒毛和種×褐毛和種
	和牛間交雑種
国産牛	肉専用種
	交雑種（肉専用種×乳用種）
	ホルスタイン種
	ジャージー種
	乳用種

（農林水産省 HP を基に作成）

3. 日本における牛肉食文化

　縄文時代の貝塚や遺跡から動物の骨も数多く発掘されており、その9割は鹿および猪で、その他にクマ、キツネ、サル、ウサギ、タヌキ、ムササビ、カモシカ、クジラなどが見つかっており

60 種以上の哺乳動物が捕獲され食べられていたと考えられている。弥生時代にも、狩猟による猪、鹿が多く食べられ、その他ウサギ、サル、クマなども食べられていた。弥生時代の社会は家畜の利用を欠いた「欠畜農耕」と考えられていたが、1980 年代から「ブタ」や「ニワトリ」の骨が出土されるようになったことで、弥生時代から家畜の利用が行われていたと考えられている。また、古墳時代には大陸から牛と馬が渡来し、主に農耕や乗用として用いられていた一方で、肉や内臓が食用あるいは薬用にも使われたとされている。

　奈良時代には、仏教の影響で動物の殺生や肉食がたびたび禁じられ、明治時代までの 1200 年間、肉食は禁止された。天武 4 年（675 年）、天武天皇が肉食禁止令を出す。日本書紀には、「且莫食「牛馬犬猿鶏」之宍、以外不在禁令、若有犯者罪之」と記され、牛、馬、犬、猿、鳥を食者は罰せられるとされた。ただし一般的な獣肉であった鹿と猪の食利用は禁じられていなかった。

　戦国時代には、南蛮貿易などを通じて食品の輸入が本格化した。ジャン・クラッセ の日本西教史には「日本人は、牛、豚、羊の肉を忌む。牛乳も飲まない。猟で得た野獣肉を食べるが、食用の家畜はいない」と書かれている。南蛮貿易によって、食肉文化が持ち込まれたものの、キリスト教の禁止や鎖国政策によって、肉食は定着しなかった。一方で、貴族や武士の間では、「薬食い」として、肉食はごく希に行われていた。「薬食い」では、彦根藩の牛肉の味噌漬けが江戸の将軍家に献上されていたことが知られている。その後も、豊臣秀吉による「吉利支丹禁

教令」により牛馬のと殺を厳重に禁止している。さらに元禄時代では徳川綱吉による「生類憐れみの令」などが施された。そのような中でも、「薬食い」の文化は残り、彦根藩は「赤斑牛の肉だけは食べても穢れない」として、毎年の寒中に赤斑牛の味噌漬けを将軍と御三家に献上していたとされている。

　幕末、黒船の到来による鎖国が終了し開国されると、横浜に

絵　南蛮貿易の風景
（相州牛推進協議会 HP より転載）

外国の領事館、商館および住居が建てられた。同時に、外国人向けの牛肉の調達も急速に加速した。その頃には、近畿、中国地方の牛が神戸に集められ横浜で外国人を中心に食されるようになった。その牛肉が外国人の間でも話題となるほどの美味しさから"コーベビーフ"と呼ばれ親しまれた。その後、江戸にも領事館が進出するに伴い、近辺に牛肉店を中心とした西洋料理店が多く出現した。

　明治初期には「牛肉は滋養に良い」と論じた福沢諭吉の影響もあり、日本人向けに牛鍋を食べさせる店も出現した。明治時代には、牛肉を食べることが文明開化の象徴とされ、牛肉を使ったすき焼きなどが流行した。

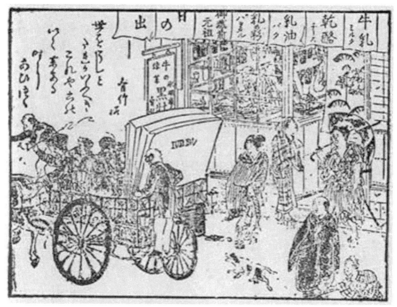

絵　明治初期の牛肉店の風景
（相州牛推進協議会 HP より転載）

　明治初頭には牛肉は、多くが和食の食材として用いられ、関東では味噌牛鍋、関西では炒鋤焼（スキヤキ）と称して食された。また、牛肉の質は兵庫県産が最上とされ、次いで会津、栗原、津軽、出雲、信州、甲州などが優秀とされていた。

　一方、当時は獣肉食を穢れとする考えが強く残っていたことから、近藤芳樹『と畜考』、加藤祐一『文明開化』などの著書や、敦賀県では牛肉をけがれとする考えを「却って開化の妨碍をなす」とする通達が出されるなど、牛肉食を推進する動きが加速している。明治39年（1906年）には食の安全を守る観点から、炭疽病を防ぐためのと場法が制定された。

表　昭和40年当時の肥育の様式

区分		開始時		肥育期間（日）	仕上げ体重（kg）
		年齢（才）	体重（kg）		
雌牛	理想肥育	明け2〜3	370〜420	300〜360	600〜700
	普通肥育	3〜6	340〜370	150〜180	550まで
	老廃牛肥育	8〜11	350〜400	約100	500〜550
	若齢肥育	離乳後	180	360	500
去勢牛	理想肥育	2〜3	200〜230	500〜540	600〜700
	壮齢肥育	2〜3	370〜420	150〜180	600前後
	若齢肥育	離乳後	160〜200	330〜360	500前後
雄牛肥育		離乳後	200	360	600

（肉用種和牛全構より転載）

第4章
石川県での牛の始まり

谷本正憲・大屋俊英・寺岡一夫

1. 石川県における牛との関わり

　縄文時代は、狩猟が生活の糧として主流であったが、弥生時代からは、稲作を主体とする耕種により土地を活かした自給自足的な生活が築かれてきた。このような中、牧畜は食生活の基盤としての位置づけはなく、軍事力や耕作、さらに交通運輸の動力源、また耕地田畑の肥料生産として活用されてきた。奈良時代の仏教伝来で、動物をあわれむ意味での獣肉を食することが禁止され、藩政時代までその風習は引き継がれた。このような動きは日本全体としての動きと同調したもので、石川県においても当時は、食用としての家畜飼養ではなく、役用が主たる目的で飼養されていた。主な畜種としては馬および牛であった。

　馬は、古くから能登地方を中心に飼養さ

絵　荷物を運搬する牛馬
（珠洲のれきしより転載）

れており、役用または武士の乗用として加賀藩で保護されていた。明治時代には改良組合も設立されるなど、生産が盛んに行われた。日清戦争後は、自動車や耕運機の発達に伴い荷役用としての価値が消失することとなり、昭和 30 年（1955 年）代には農村地域から馬の姿が消えていくこととなった。牛は、役肉兼用として「のと和牛（のとうし、もしくはのとわぎゅう）」と称される牛が奥能登を中心に飼養されていた。幕藩時代には前田利常が製塩を推進したことに伴い、脚力の強い牛が役用として増殖が盛んに行われるようになった。明治時代には欧風傾向の流行に伴い、牛肉を食する習慣が広まってきた。食肉としての利用が広まるにつれ、肉量増産のために明治 10 年（1877 年）頃から大正初期まで、比較的大型のショートホーン種、デボン種、ホルスタイン種などの洋種が積極的に導入され、在来牛と交配することで大型の牛生産が盛んに行われた。大正時代には肉質改善のため、種雄の導入が行われ能登地方を中心に飼養された。昭和 30 年頃には牛の役用としての活用が消失したこともあって、一時飼養頭数が激減した。その後、経済成長に伴って肉資源としての増殖が積極的に行われるようになった。

　また、牛は乳用としても明治初期から金沢周辺で飼養されるようになった。オランダからホルスタイン種が導入され、乳牛飼養が推進されたこともあって、水稲作と酪農を組み合せた経営方式などの普及を通して、乳用牛の飼養が活発に行われてきた。

2．石川県における牛の役利用

　石川県への牛の伝来は、遠く天照大神の時代の古文書に「越根別のしらたへ牛馬の牧を開く（越根別＝今の北陸地方）」という言葉に遡る。また、寛永3年（1626年）、藩主であった前田利常が能登外浦一円に製塩業を推進し、製塩用の薪炭搬出用として役牛の増殖が図られたとされている。石川県における牛の飼養が本格的に始まったのは、その頃と推定されている。当時は、役用が主体であったこともあり、その頃の牛は小さく脚力の強い牛が積極的に繁殖されていた。当時の牛生産は、製塩の状勢に左右されながら発達し、明治初期頃まで製塩および農耕用の役牛としての生産が精力的に進められた。牛は馬よりも脚力が強く、不整備の道路も移動が可能で、重い荷物を山奥まで運べるなどの点から、馬よりも役用として重宝されていた。

写真　役用としての牛の活用が主流であった
（畜産 ZOO 鑑より転載）

3. 石川県における牛肉食文化

　明治初期になると、日本国内に西欧文化が急激に流入し、石川県においても欧風の流行を受けるようになった。それに伴い牛肉を食する習慣が伝わってきた。これまでの役用の牛はほとんどが小型であったことから肉量に乏しく、食用としては不向きであった。そのようなことを背景に、石川県では、明治初期には海外からデボン種やショートホーン種などの大型の牛を導入し、在来の牛と交配させて大型化が図られ、一代雑種が肉用や牛乳用として増殖されるようになった。

絵　塩荷の運搬をする牛『木曽海道六拾九次』より
（国立国会図書館デジタルコレクションより転載）

　明治 2 年（1869 年）、江沼郡大聖寺の藩士であった東方眞平が、石川県で初めて食肉、搾乳の利用を唱えたとされている。さらに、金沢でデボン種やショートホーン種を導入し、洋種牛の飼育の端緒を開いたとされる。「石川の農林水産とむら-畑作・養蚕-畜産編」には次のように記されている。「明治 2 年、丹波初三郎が、金沢市新堅町にビーフと横書きした旗を掲げて生牛肉、生牛乳を売り出し、人々をおどろかした。」さらに、「明治 5 年（1872 年）1 月に発行された開花新聞第 2 号に、「金沢市梅本町の肉商であった勝木平蔵が牛肉の広告をのせている。」と記されている。さらに同書には、慶応 3 年（1867 年）には、能登地方の人が横浜で牛肉の串焼きの販売、次いで明治元年には牛肉すき焼きの販売をしたとされており、明治初期には、金沢を中心として石川県で牛肉を本格的に食する習慣が浸透してきたことを伺わせる。

　　　　絵　明治初期の牛鍋を楽しむ風景
（上：相州牛推進協議会 HP より転載）
（下：『安愚楽鍋』より「牛鍋を食う書生」）

第 5 章
能登牛と地域

谷本正憲・大屋俊英・寺岡一夫

1．能登牛の誕生

　　食肉の習慣が定着するにつれ、牛肉需要が高まりを見せ、明治 15 年（1882 年）頃から能登地方を中心に積極的にデボン種、ショートホーン種、ホルスタイン種などの海外の牛種を導入し一代雑種作出による肉牛生産が盛んに行われるようになった。その後、明治 30 年（1897 年）頃からは、珠洲郡を中心にホルスタイン種を軸とした一代雑種の作出が進められた。このような洋種を活用した一代雑種による肉牛生産は、石川県のみでなく全国的に流行りをみせている。兵庫県ではブラウンスイス種、ショートホーン種、デボン種を活用し、鳥取県ではブラウンスイス種ショートホーン種、島根県ではデボン種、シンメンタール種ブラウンスイス種が主に一代雑種の作出に活用された。なお、石川県での一代雑種作出は主にホルスタイン種を活用したことは、他の中国地方と比べ特色のある改良方針であったと考えられる。

　このようなことから、この頃の石川県の牛は、役用だった頃に比べ体積は増大し、後躯および中躯が充実し、かん幅が増し、飼料利用性も向上し、早熟で早肥性が高いという特徴を有していた。大正初期（1920 年代）には、外国種の活用する流行りが

終焉し、漸次洋種が減少した。その頃には、岡山県や鳥取県から雌牛の導入を積極的に行われていた。また、その頃の改良された牛を「改良和種」と称して育種改良する動きが活発となり、改良和種の増産が精力的に行われた。石川県では鳥取、島根、但馬より雌牛を定期的に導入し、改良和種の増産に努め、現在の「能登牛」の基礎を作った。

　その後、太平洋戦争（1941〜1945年）が終結するまで、有畜農業として、畜産の果たす役割が見直され、能登地域を中心として農業共に発展した。太平洋戦争の下では、軍需や戦争への人口流出による農業の労働力不足を補うため、役用として活用されたこともあって、その飼養頭数は減少することなく推移し

写真　改良和種を引く寺岡一夫氏
（寺岡氏撮影）

た。昭和 30 年代の経済復興に伴い、農業人口が他産業へ流出し、農耕機械の発達などによって牛の役利用が著しく減少し、それに伴い飼養頭数も激減することになった。

　昭和 43 年（1968 年）、これまでの 1 戸 1 頭の飼養観念を打破し、多頭飼養の転換と農業経済の安定を目的として、柳田村に和牛増殖基地が設立された。そこでは兵庫県から雌牛を導入し、生産した子牛を農家に譲渡することで、生産基盤の強化を図った。この動きは、県内に広く進められ、肉牛増殖基地は、柳田に加え珠洲、輪島、穴水にも設置されていた。このように「能登牛」の基礎となる牛が能登地方を中心に飼養されてきた。これらの牛は、世界的にも有名な神戸牛のもととなる但馬地域から導入されたこともあり、その品質は高いものであった。但馬系の特徴が大きく反映されていたこともあって、石川県の黒毛和種は、体積に富み、肉質も良好な和牛として評された。

　しかし、石川県における黒毛和種の飼養頭数は、太平洋戦争後の産業復興後の激減から回復することなく、低迷していた。肉専用種の生産が低迷する中、乳用種の廃用や乳用雄子牛の肥育などが進展し、昭和 60 年（1985 年）頃まで、県内の広い地域で生産が進められた。そのような経緯から、石川県における肉用牛生産は、乳用牛の生産動向に左右される形となった。乳用牛生産は、昭和 30 年（1955 年）の水田酪農が提唱され、増加したが、昭和 50 年（1975 年）頃から停滞する傾向になった。

　その後も肉用牛の生産頭数は増加することなく、出荷頭数も 500 頭程度で推移した。この頃は、石川県産の牛肉の名称も定め

られておらず、取扱い業者によって「能登和牛」や「能登牛」などと称して流通していた。そのような中、平成 7 年（1995 年）に「能登牛銘柄推進協議会」が設立され、能登牛認定基準を定め（歩留まり A、B、肉質 4 等級以上の石川県産黒毛和種を「能登牛（のとうし）」とする）、高級銘柄牛として生産拡大に方向を大きく転換することになった。その後、平成 16 年（2004 年）に能登牛認定基準の見直しを図り、生産頭数の増大を推進した。さらに、平成 23 年（2011 年）には「能登牛プレミアム制度」を制定し、特に優れた能登牛（脂肪交雑 BMSNo. 10 以上、もしくは 8、9 の場合はオレイン酸が 55%以上であるもの）を「能登牛プレミアム」として差別化し、能登牛の市場評価向上ならびに生産者の生産意欲向上をより一層推進した。

表　能登牛および能登牛プレミアム認定基準

能登牛
- 肉質等級が A3 または B3 以上であること
- 黒毛和種（血統が明確なもの）
- 石川県内が最終飼養地であり、かつ飼養期間が長いもの
- 金沢食肉流通センターまたは（公社）日本食肉格付協会の格付けができる食肉処理施設で処理されたもの

能登牛プレミアム
- 能登牛に認定されたものの内、以下の基準を満たすもの
- 格付け A-5 のうち BMS が 10 以上のもの
- 格付け A-5 のうち BMS が 8 又は 9 の場合はオレイン酸含有率 55%以上であること

（能登牛銘柄推進協議会資料を基に作成）

表　石川県における肉用牛の改良変遷

供用種雄牛	県有	鳥取系種雄牛			但馬系種雄牛		
	家畜改良事業団	※種雄牛造成の経費削減から、昭和50年より家畜改良事業団で種雄牛の一元管理がなされる。 ※供用種雄牛は北海道(十勝)・東北(盛岡)・関東(前橋)・中国(岡山)・九州(熊本)で繋養される。				昭和50年より供用開始 当初は系統が明確であった。 (但馬系・鳥取系・広島系・岡山系)	
年代		昭和30年まで	昭和40年まで		昭和62年まで	昭和63年以降	
役畜など		役畜用(農耕用)	肉用への変換期	但馬系への変換期	肉用牛としての肉質向上期 但馬系(供用種雄牛・繁殖雌牛)	体積向上期	質・量準備期
繁殖雌牛		体が大きく気性も温順で農耕用に適していたことから、鳥取系が供用されていた。			昭和40年に入り、市町村営牧場に但馬系繁殖雌牛導入(穴水・輪島・柳田・珠洲)	昭和62年頃より但馬系は、神経質で飼いづらく肉量が取れないことから改良組合で、体積系種雄牛による改良を模索し始める。	

（干場宏樹氏作成資料より抜粋）

表　石川県における肉用牛変遷の概略

役畜（農耕用）時代

○昭和30年代前半まで役畜（農耕用）としての利用で、鳥取系・但馬系の種雄牛及び雌牛の導入が続いた。

○昭和30年を境に導入種雄牛は但馬系が主流となる。

肉用牛への改良時代

○供用種雄牛は但馬系が主流となったことから、昭和30年を境に但馬色が濃くなっていった。

○昭和30年代後半から40年代前半にかけ、奥能登の市町村営牧場では繁殖雌として但馬系の育成牛の導入が図られ、昭和50年代に入る頃には、純粋な但馬系へと変わった。

（県有種牛：菊光号→正福号→越雪波号が改良に貢献）

　　　　菊光号・越雪波号：肉質向上に貢献
　　　　正福号　　　　　　：体積向上に貢献

肉質から肉量（質量兼備）型への改良時代

○昭和60年頃に、但馬系の欠点である小柄で神経質で飼いづらくなったことから、柳田和牛改良組合で体積系種雄牛を供用し肉質・体積の向上を図る取り組みが始まった。

○平成5年以降、育種価評価による手法で和牛の改良は飛躍的に進歩、現在活躍している種雄牛は質量兼備型が主流となり、質量兼備型種雄牛の供用に伴って母方系統における但馬色が薄くなりつつある。

（干場宏樹氏作成資料より抜粋）

2.　石川県における肉用牛生産の推移

　昭和 5 年（1930 年）頃の世界的な不況が、農村恐慌を引き起こした。これを受け、有畜農業が推奨され牛の導入が盛んに行われるようになった。この有畜農業の推奨によって、役肉用牛の飼養頭数が昭和 30 年（1955 年）代まで著しく増加した。しかし、その後、耕運機の急速な普及、化学肥料の出現などによって、農耕やたい肥生産などを目的とした役畜の利用価値が消失した。それによって昭和 47 年（1972 年）頃までに牛の飼養頭数は 5 千頭を割るまで減少した。また、飼養戸数も同様に減少した。その後、増加の傾向にあったものの著しい増加はみられず、現在まで低値で推移している状況にある。乳用牛の飼養頭数は、肉用牛の飼養頭数の減少よりも遅れて起こったが、担い手不足などもあり、現在は 100 戸を割るまで減少している状況にある。

　石川県では、役肉用の牛の安定した増産を図るため、肉用牛生産指導場（珠洲）で昭和 18 年（1943 年）頃から、種雄牛を保有し優良種畜造成に力を入れた。昭和 30 年（1955 年）頃までは主に鳥取系統の種雄牛を 30 頭近く導入している。兵庫系統の種雄牛 2 頭が昭和 28 年（1953 年）に導入されている。その後も昭和 48 年（1973 年）頃まで種雄牛を保有し、優良牛増産にあたった。昭和 50 年（1975 年）以降、肉用牛の生産拠点を畜産試験場（羽咋）に移行した。肉用牛生産指導場（珠洲、現在の能登畜産センター）は、平成元年（1989 年）頃から、受精卵移植（ET）の採卵用として島根系統および兵庫系統からそれぞれ 9 頭の育成雌牛を導入し、受精卵移植用卵の供給拠点となっている。

表　石川県肉牛生産指導場（珠洲）における種雄牛繋養頭数の推移

昭和	25	26	27	28	29	30	31	32	33	34	35	36	37	38	39	40	41	42	43	44	45
肉用種雄牛	10	7	10	9	8	8	6	5	7	5	4	6	8	5	6	6	7	5	5	7	9
乳用種雄牛												1	1	1	1	1					

昭和	46	47	48	49	50	51	52	53	54	55	56	57	58	59	60	61	62	63	平成 1	2	3
肉用種雄牛	7	6	4																		
乳用種雄牛																					

（肉牛生産指導場50年の歩み資料を基に作成）

表　石川県の推奨種雄牛一覧

年度	推奨種雄牛	年度	推奨種雄牛
平成12年度	①北国7の8 ②北仁 ③松福美 ④安平照 ⑤美津福	平成17年度	①安茂勝 ②北仁 ③若茂勝
平成13年度	①北国7の8 ②北仁 ③松福美 ④安平照 ⑤美津福	平成18年度	①安茂勝 ②北仁 ③若茂勝 ④藤北景
平成14年度	①安平照 ②北仁 ③松福美 ④北国茂 ⑤美津照	平成19年度	①安茂勝 ②北仁 ③若茂勝 ④藤北景 ⑤福安照
平成15年度	①北仁 ②松福美 ③北国茂 ④美津照 ⑤賢茂勝	平成20年度	①安茂勝 ②北仁 ③若茂勝 ④藤北景 ⑤福安照
平成16年度	①安茂勝 ②北仁 ③美津神 ④北国茂 ⑤賢茂勝	平成21年度	①安茂勝 ②勝忠鶴 ③若茂勝 ④藤北景 ⑤福安照

（干場宏樹氏作成資料より抜粋）

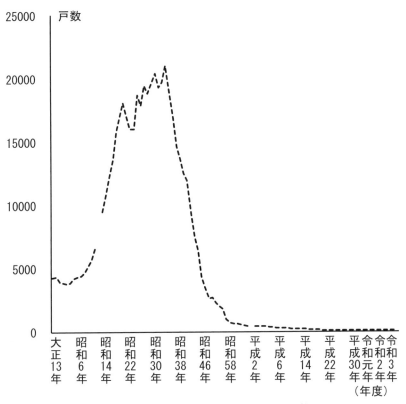

図　石川県における肉用牛飼養戸数の推移
（農商務統計法および農林省統計表を基に作成）

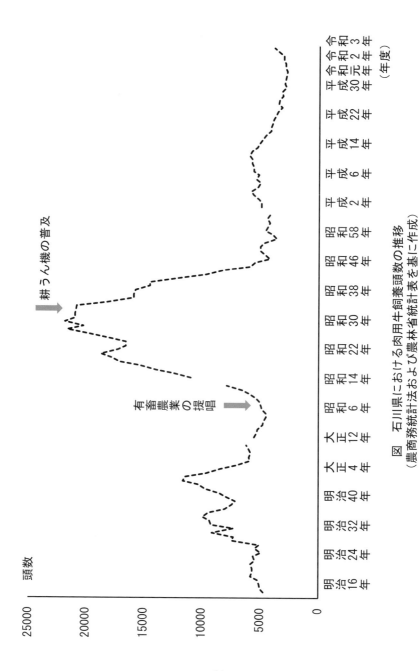

図　石川県における肉用牛飼養頭数の推移
（農商務統計法および農林省統計表を基に作成）

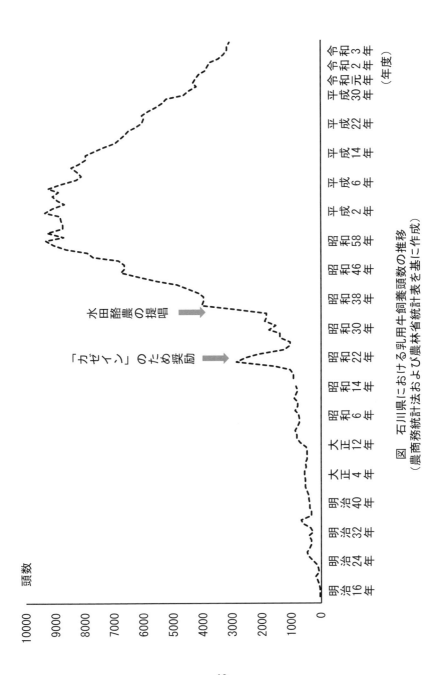

図 石川県における乳用牛飼養頭数の推移
（農商務統計法および農林省統計表を基に作成）

第6章
能登牛の近代化

谷本正憲・大屋俊英・寺岡一夫

1. 能登牛の特徴

能登牛（のとうし）は、改良の基礎が世界的にも有名な神戸牛の素となる但馬牛にあることからも、その品質は高いとされ、体積に富み、肉質も良好な和牛として評される。なお、「能登牛」は石川県の地域団体商標として特許庁に登録されている（商標登録第5084827号）。平成19年（2007年）、和牛肉のオリンピックと称される第9回全国和牛能力共進会（鳥取県）で、能登牛

写真　第9回全国和牛能力共進会で「脂肪の質賞」受賞
（石川県畜産課提供）

のオレイン酸含有量が全国一として「脂肪の質賞」が受賞されている。このことから、能登牛は、肉質、特に脂肪の質が極めて高いという特徴を有している。また、能登牛は能登里山を中心として、石川の美しい自然と潮風が吹く素朴な風土で丹誠込めて育てられている。さらに、出荷頭数が極めて少ない希少な能登牛は、「幻の能登牛」とも言われている。　牛肉のやわらかさや香りは脂肪の中に含まれる「オレイン酸」の含有率によっても変化することが言われている。この値が高いほど、とろけるような食感が味わえるとされている。　能登牛はオレイン酸の含有率が最も多いと評価されており、食した際の食感を十分に楽しめるお肉として知られている。

表　全国和牛能力共進会のこれまでの開催と生産・改良テーマ

回	開催年	開催地	生産・改良テーマ
第1回	昭和41年	岡山県	和牛は肉用牛たりうるか
第2回	昭和45年	鹿児島県	日本独特の肉用種を完成させよう
第3回	昭和52年	宮崎県	和牛を農家経営に定着させよう
第4回	昭和57年	福島県	和牛改良組合を発展させよう
第5回	昭和62年	島根県	着実に伸ばそう和牛の子とり規模
第6回	平成4年	大分県	めざそう国際競争に打ち勝つ和牛生産
第7回	平成9年	岩手県	育種価とファイトで伸ばす和牛生産
第8回	平成14年	岐阜県	若い力と育種価で早めよう和牛改良、伸ばそう生産
第9回	平成19年	鳥取県	和牛再発見！地域で築こう和牛の未来
第10回	平成24年	長崎県	和牛維新！地域で伸ばそう生産力 築こう豊かな食文化
第11回	平成30年	宮城県	高めよう生産力 伝えよう和牛力 明日へつなぐ和牛生産
第12回	令和4年	鹿児島県	和牛新時代 地域かがやく和牛力

（干場宏樹氏作成資料より抜粋）

図　能登牛証明書および能登牛認定シール
（能登牛銘柄推進協議会 HP、寺岡フーズ HP より転載）

2．能登牛の増産

　平成 7 年（1995 年）に「能登牛銘柄推進協議会」が設立され、能登牛認定基準を定め、高級銘柄牛として生産拡大を推進した。その後、平成 23 年（2011 年）には「能登牛プレミアム制度」を制定し、特に優れた能登牛を「能登牛プレミアム」として差別化し、能登牛の市場評価向上ならびに生産者の生産意欲向上をより一層推進した。これらの取組みにより、能登牛の全国的な知名度を上げ、需要を高めることで生産基盤の強化を進めてきた。また、石川県は平成 23 年（2010 年）「能登牛 1,000 頭生産体制整備事業」を立ち上げ、県内肥育農家の増頭支援、県外肥育農家の誘致、繁殖雌牛増頭に対する助成などを通して、能登牛の増産を推進した。これは平成 22 年（2009 年）度当時の頭数規模を倍増させることを目的としたもので、主に次の 4 つの対策からなる。

　（1）増頭対策として、肥育牛 1 頭当たり 5 万 4,000 円、繁殖雌牛 1 頭当たり 10 万円、畜舎整備支援として 1 頭当たり 9 万円の補助を継続的に行う。また、高齢化による家族経営の離脱への懸念もあり、平成 24 年（2012 年）度以降、企業の誘致を行う。また、農家の規模拡大や法人化も推進する。

　（2）担い手対策として、新規就農者の確保と技術習得に対する支援を行う。

　（3）生産技術対策として、県畜産試験場でオレイン酸含有率向上のための飼養管理技術の確立などを図る。

（4）流通販売対策として、今後見込まれる能登牛の増産により
首都圏での販売促進にも積極的に取組む。

表　能登牛 1,000 頭生産体制整備事業

増頭対策	生産基盤拡充対策	肥育牛、繁殖雌牛の増頭および畜舎整備に対する支援、繁殖・肥育一貫経営の推進
	県外企業誘致	県外企業の誘致、誘致企業に対する支援
担い手対策	畜産担い手育成対策	新規就農者の確保と技術習得に対する支援
生産技術対策	美味しい能登牛生産技術試験	オレイン酸含有率が高くなる飼養管理技術の確立
	能登牛生産性向上対策	肥育もと牛の損耗防止対策の実施
流通販売対策	県産食肉販売強化	「いしかわお肉フェス」の開催
	能登牛銘柄推進事業	能登牛の認定、PR 活動に対する支援

（能登牛銘柄推進協議会資料を基に作成）

これらの事業を通して、以下の成果が得られている。

1. 増頭対策に関連して、赤城畜産有限会社（群馬県）の関連牧場の能登地域への誘致が成功し、平成26年（2014年）に株式会社能登牧場が、能登地域（駒渡）に開所した。また、令和元年（2019年）には、能登牛生産技術の向上を図るため、JA全農いしかわが内浦放牧場跡地に、能登牛肥育実験農場を設置し能登牛の増産を進めている。

2. 新規就農者が、和牛繁殖部門などで数名出てきている。なお、能登牧場の開所に合わせ、地域に根差した産業振興を推進するため、地域ぐるみで定期的な情報交流会が開催されている。

写真　能登牧場開所式
（大屋俊英氏提供）

写真　能登牛生産への新規就農者激励会
（大屋俊英氏提供）

写真　能登・駒渡地区における地域ぐるみの交流会
（大屋俊英氏提供）

　また、平成30年（2018年）には、能登牛の育成技術の向上や生産者同士の情報共有を主たる目的として「能登牛生産者協議会」が設立された。当協議会では、先進的な黒毛和種生産者団体との積極的な交流を通して、能登牛の生産技術の向上を図り、さらに、能登牛の認知度向上に向けた飲食イベントなどが積極的に行われている。

　これらの取組みが功を奏し、近年、肉用牛の肥育頭数は顕著に増加した。平成31年（2019年）の能登牛の年間出荷頭数が1010頭と、石川県が平成23年（2010年）に立ち上げた「能登牛1,000頭生産体制整備事業」が成果を収めた形になった。これを受け、県では次なる目標として2年後（2021年）までに1300頭、3年後（2022年）までに1500頭の能登牛の年間出荷を掲げて、生産体制を拡充することとした。令和3年（2021年）現在で、能登牛の年間出荷頭数は1210頭、能登牛プレミアムの年間出荷頭数は795頭と、能登牛全体での年間出荷頭数は2005頭となっている。

写真　能登牛 1000 頭出荷達成記念式典
（石川県 HP より転載）

　石川県が平成 23 年（2010 年）に立ち上げた「能登牛 1,000 頭
生産体制整備事業」では、より美味しい能登牛を生産するため
の技術向上も含まれている。令和 4 年（2022 年）には、「和牛の
オリンピック」と称される品評会「第 12 回全国和牛能力共進会」
に出品した能登牛が優等賞 12 席を獲得し、さらに雌牛育成の部
門でも 1 等賞 12 席を獲得した。

写真　全国和牛能力共進会での表彰を馳知事に報告
（大屋俊英氏提供）

　このように能登牛の生産拡充のみでなく、安定した肉質向上
も進められている。能登牛の生産を支える子牛の生産について
も、子牛の導入先もほぼ半数が県内となっており、能登生まれ
能登育ちの能登牛の増産が進められている。また、子牛のうち
半数程度が受精卵由来となっており、高齢化などにより繁殖農
家が減少する中、乳用牛への受精卵移植による和子牛生産が繁
殖基盤強化に繋がっている。現在、能登町に立地する能登畜産
センターでは、受精卵を年間約 900 個生産し、県内の酪農家に
供給している。能登牛の出荷頭数を維持・増加させるためには、

県内での子牛生産は必須な課題で、今後も受精卵の供給を増加させようとする動きがある。そのためにも、CBS（キャトルブリーディングステーション）の整備も重要な検討課題となっている。さらに、省力化や生産管理の効率化の面からもICT（情報通信技術）の導入も重要な課題となっている。

表　主たる和牛ブランド

ブランド名	特徴など
ナショナルブランド	
神戸ビーフ	地元兵庫の但馬牛できめの細かい霜降り牛肉が特徴
松坂牛	未経産雌牛で地位を築いた。
近江牛	江戸時代幕府献上が始まり
準ナショナルブランド（地域ブランド）	
前沢牛	鳥取系 → 和人（兵庫土井系）→ 恒徳（兵庫土井系）→ 菊谷（兵庫土井系）
飛騨牛	岡山系（新月）→ 茂富士（兵庫波系）→ 安福（兵庫土井系）
米沢牛	茂重波（宮城県有：兵庫波系）

（干場宏樹氏作成資料より抜粋）

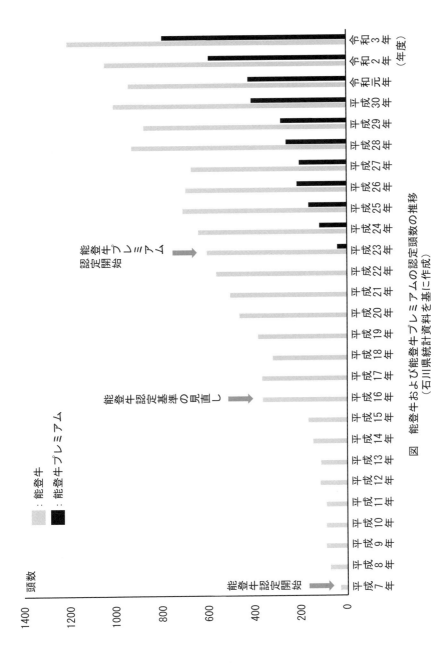

図 能登牛および能登牛プレミアムの認定頭数の推移
（石川県統計資料を基に作成）

第7章
能登牛のこれから

谷本正憲・大屋俊英・寺岡一夫

1. 能登牛のプレミアム化

　能登牛は、平成7年（1995年）に設立した能登牛銘柄推進協議会によって、能登牛認定基準が定められ、認定されるようになった。その後、さらなる能登牛の増進を推進することを目的に、平成16年（2004年）に能登牛認定基準の見直しを経て、平成23年（2011年）に「能登牛プレミアム制度」を制定し、特に優れた能登牛（脂肪交雑 BMSNo.10 以上、もしくは 8、9 の場合はオレイン酸が 55%以上であるも）を「能登牛プレミアム」として差別化し、能登牛の市場評価向上ならびに生産者の生産意欲向上をより一層推進している。

　国内において、肉用牛の飼養頭数が相対的に少ないいくつかの県では、大産地優位の格付け等級の土俵のみで勝負することを回避し、従来の格付け基準とは一線を画した基準、すなわち、肉脂肪中のオレイン酸の含有率の高さにより、和牛肉の差別化を推進している。本県の「能登牛プレミアム」以外に、大分県や鳥取県、長野県は、各々「豊味の証（うまいのあかし）」や「鳥取和牛オレイン 55」「信州プレミアム牛肉」といったオレイン酸に着目した和牛ブランド化の先駆的取組みを行ってきたことで知られている。

表　オレイン酸に着目した和牛ブランドの先駆的取組み事例

県	ブランド名	発足年	認定基準
大分県	豊味の証 （うまいのあかし）	平成23年 2011年	おおいた豊後牛でオレイン酸含有率55%以上
鳥取県	鳥取和牛オレイン55	平成23年 2011年	オレイン酸含有率55%以上、気高号の血統を引き継ぐ牛
長野県	信州プレミアム牛肉	平成21年 2009年	①BMS No.7以上、オレイン酸含有率55%以上 ②BMS No.5以上、オレイン酸含有率58%以上 ③BMS No.8以上、オレイン酸含有率52%以上
石川県	能登牛プレミアム	平成23年 2011年	①肉質等級 A5等級でBMS No.10以上 ②肉質等級 A5等級でBMS No.8、9の場合はオレイン酸含有率55%以上

（農畜産業振興機構HPを基に作成）

　平成29年（2017年）度における能登牛プレミアムの認定頭数は283頭（能登牛全体の32.4%）であり、創設以来、その数は増え「能登牛プレミアム」の指定買いの動きも出てきている状況にある。

表　能登牛プレミアム認定基準

能登牛プレミアム
・能登牛に認定されたものの内、以下の基準を満たすもの
・格付け A-5 のうち BMS が 10 以上のもの
・格付け A-5 のうち BMS が 8 又は 9 の場合はオレイン酸含有率 55% 以上であること

（能登牛銘柄推進協議会資料を基に作成）

　平成 27 年（2015 年）度には能登牛の価格が高騰し、一時的に客離れが起きたことがあった。同年、能登牛の認定基準を 4 等級以上から 3 等級以上に緩和することで、平成 28 年（2016 年）度には大幅に認定頭数が増加した。平成 29 年（2017 年）度は 874 頭で、平成 30 年（2018 年）度は 1,000 頭を超えている。現在、当該ブランド牛の主な流通は県内に限られるが、北陸新幹線開業に合わせ、同県食材がメディアで積極的に紹介されるなど、その認知度は高い状況にある。そのようなことから、能登牛の肥育経営において、能登牛プレミアムの認定率を高めるインセンティブになっているものと考えられる。

2. 地域に根差した能登牛

　平成 23 年（2011 年）、能登牛銘柄推進協議会は、県民や観光客等が能登牛を堪能でき、能登牛の生産振興や消費の拡大、ブランド力の向上を図るために能登牛を提供する取扱店・販売店、飲食店を能登牛認定店として認定してきた。

　平成 30 年（2018 年）には、宿泊施設まで能登牛認定店の対象として広げ、より地域に根差した能登牛の発展を推進した。

　能登牛認定店の認定基準は、販売店では、「能登牛を年間 3 頭以上取り扱っていること（部分肉の場合は 1　頭 300　kg として換算）」としている。また、飲食店では、「常時、メインメニューで能登牛を提供していることとしている。さらに、能登牛をおおむね年間 100　kg 以上購入していること」と定めている。

　能登牛の認定店に対して、協議会は認定料として 2 万円、運営費・更新料として年間 6,000 円（月 500 円）の手数料を徴収する。更新の際に、能登牛の幟やリーフレットなどを配布する。

能登牛認定店制度について

（1）認定対象店
　　　能登牛販売店、飲食店及び宿泊施設

（2）認定基準
　　　販売店　→能登牛を年間3頭以上取り扱っていること
　　　　　　　　※部分肉の場合は、1頭を300kgで換算
　　　飲食店　→常時、メインメニューで能登牛を提供していること
　　　　　　　　能登牛を年間100kg以上購入していること
　　　　　　　　※少なくとも2か月に1回能登牛を納品していること
　　　宿泊施設→常時、能登牛を含む宿泊プランを提供していること

（3）認定料等
　　　認定料　　　　　　　20,000円
　　　運営費・更新料　　　年額6,000円（月額500円）

（4）申請方法
　　　申請書等を記入し、能登牛を納入している業者へ提出

問い合わせ先
能登牛銘柄推進協議会
〒920-8580金沢市鞍月1-1
TEL (076) 225-1623
FAX (076) 225-1624

能登牛認定店になると・・・
①能登牛認定証（プレート式の交付
②能登牛ホームページ・パンフレットでお店を紹介
③販売促進グッズの提供

図　能登牛認定店制度
（能登牛銘柄推進協議会 HP より転載）

　このように販売店や飲食店に加え、加賀・和倉温泉旅館など
にも認定店制度を設けるなど、石川県が有する観光資源を能登
牛のブランド強化に積極的に活用しつつ、能登牛の一層の消費
および販路拡大を精力的に進められている。

写真　能登牛認定店認定証交付式
（大屋俊英氏提供）

　出荷された能登牛は、認定要件となっている金沢食肉流通センターでと畜・解体される。その後、全農いしかわ肉牛枝肉販売会で一元的に集荷され、県内の食肉卸業者などにより競り落とされ、能登牛認定店やその他の店舗に流通し消費される。

　このように、能登牛および能登牛プレミアムの認定制度に加えて、能登牛認定店を制定することで、より地域に根差した産業振興を促進し、地場の産業と共に発展することで、持続可能な産業を推進する戦略となっている。

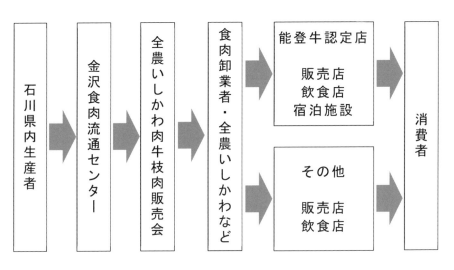

図　能登牛の流通チャンネル
（農畜産業振興機構 HP を基に作成）

　また、能登牛の出荷頭数の増加に伴い、能登牛の素となる県内和牛子牛の生産頭数が不足していることを背景に、平成 29 年（2017 年）12 月、羽咋郡志賀町に合同会社能登牛繁殖センターが設立された。石川県生まれ石川県育ちの能登牛を増産するために和牛子牛の生産を行うことを主たる目的として、繁殖雌牛 50 頭、子牛・育成 50 頭、出荷頭数：子牛 40 頭/年の規模で事業を行っている。

写真　能登牛繁殖センター
（横山俊亮氏撮影）

　近年、農業全般において、後継者不足が深刻化しており、畜産分野においても深刻な課題となっている。能登牛繁殖センターでは、担い手育成にも積極的に取組み、令和元年（2019 年）から、県内の大学（石川県立大学）と教育連携をスタートし、学生と共に能登牛の生産基盤の強化を進めている。さらに、令和3 年からは連携を強化し、学生の現場教育のみならず研究面でも連携を進めている。

写真　能登牛繁殖センターでの実習に励む大学生
（奥野紗千佳氏撮影）

第8章
能登牛に想いを寄せて

1. 希少力を生かしたブランド戦略（谷本　正憲）

　兵庫県生まれ。京都大学法学部を卒業後、1968年に自治省（現在の総務省）に入省。宮崎市助役、茨城県総務部長、旧自治省公務員第二課長、交付税課長、公営企業第一課長を経て1991年、石川県庁に出向し、副知事に就任する。1994年に石川県知事に就任し、2022年3月の任期満了まで7期連続で石川県知事を務めた。その後、2022年4月1日から石川県公立大学法人理事長に就任した。

　在任期間中の政策では、「日本海側のトップランナーに」、「個性・交流・安心」を旗印として、インフラの整備に尽力した。在任中の主な成果として金沢城の復元、国立工芸館の誘致、能登空港の整備、のと里山海道無料開放、北陸新幹線の金沢開業、木場潟公園や金沢港クルーズターミナル整備、石川県立音楽堂設置などがある。一方で、農林水産にも注力し、ルビーロマン開発、能登牛の知名度の向上などに尽力した。

　特に能登牛では、和牛肉のオリンピックに当たる第9回全国和牛能力共進会（2007年、鳥取県）では、能登牛のオレイン酸含有量が全国一として「脂肪の質賞」が受賞されたことを機に、能登牛の販路拡大を目指したブランド力強化を推進した。また、県外から大手農場を誘致し、年間生産頭数を安定させるなど、

生産基盤の強化にも注力し、2019 年には能登牛の生産頭数が1,000 頭を超えるまでになった。その後もオレイン酸を中心とした肥育技術の確立などを推進しながら、肉質の維持向上を精力的に推進しながら、希少価値を持たせたブランド戦略を推進した。

　「現在、能登牛は石川県を訪れなければ出会えない幻の黒毛和牛として、全国的に広く知られている。」石川県の農林水産業の実情を踏まえると、他府県と生産数で戦うことは極めて不利であることから、生産頭数は少なくとも安定した生産、および安定した肉質の良さを推進するなど、他の地域とは一線を画した政策で、能登牛生産を現在まで引率してきた。第 12 回全国和牛能力共進会（2022 年、鹿児島県）では、和牛の肉質で最も栄えある賞である肥育の部で 1 等賞に輝き、名実ともにおいしい和牛であると全国に示すことができた。

　これからも「能登牛」の特徴を活かした戦略を実践し、永続的に発展することを切に願う。また、能登牛を通した健康増進、環境保全など、機能性を持たせたブランド力強化についても、地域の大学の持つ英知を活用しながら "地域ぐるみ" で能登牛を盛り上げ、能登牛を通して "繋がる地域" を実現してもらえたらと切望する。

写真　第 12 回全国和牛能力共進会（2022 年）で、肥育の部
1 等賞受賞を谷本前知事に報告
（眞田歩佳氏撮影）

2. 能登牛への恩返し（大屋 俊英）

　1969 年に石川県に入庁以来、53 年に亘って奉職した。今、振り返ると、実に様々なことが脳裏をかすめるが、素晴らしい石川県産の畜産物を、県民の皆さまに提供する職に携われたことが、私の人生において一番の出来事だと信じている。畜産物には、乳、肉、卵、さらに乳製品や食肉加工品などを含め現在の食卓には欠かせない数多くの品が含まれている。中でも、高級食材として流通している石川県の銘柄牛である「能登牛」の増産などに取り組む機会に恵まれたことが、私の人生を大きく変えることになった。

　2007 年、和牛肉のオリンピックに当たる第 9 回全国和牛能力共進会（鳥取県）で、能登牛のオレイン酸含有量が全国一として「脂肪の質賞」に輝いた。これを受け谷本前知事から直々に「能登牛を文化財のままにしておくのか？」と一喝された。そのことが大きなきっかけとなり、企業誘致による能登牛の増産体制の強化などを展開し、能登牛を全国有数ブランドにするべく尽力することを誓った。また、「能登生まれ能登育ちの能登牛」というストーリー性を持たせた能登牛生産を推進するため、能登牛の素牛となる繁殖経営の強化拡充策にも着手するとともに、生産基盤の強化に向けて石川県内の酪農家の協力・支援を仰ぎ和牛受精卵の活用を進めてきた。2022 年の第 12 回全国和牛能力共進会（鹿児島県）では、和牛の肉質で最も栄えある賞である肥育の部で 1 等賞に輝き、名実ともにおいしい和牛であることを全国に示すことができ、これまでの取組みが間違いではな

かったと改めて確信した。

「能登牛」を全国有数の和牛ブランドにするためには、能登牛の魅力を精力的に発信する必要性を訴え、首都圏でのイベント開催など積極的な推進を経て、能登牛ブランドを全国的に響き渡らせ、今日に至っている。

このように約15年という例を見ない極めて短い期間で、能登牛を全国ブランドとして名を広められたのも、谷本前知事をはじめ、全農石川県本部の熱烈な支援と、生産者および食肉加工・販売関係団体の努力の賜である。

現在、能登牛生産認定頭数も1,000頭を達成し、新型コロナ禍の需要減退の中にあっても「能登牛」は顕著な需要と価格を維持しているところである。

昨今の担い手不足を受け、令和元年（2019年）から、石川県立大学と県内牧場との教育連携の強化に取り組んでおり、この取り組みを通して将来有望な担い手を確保できればと切に願っている。これまで、能登牛の振興に携わった者として、これからの能登牛を築いていく人材育成に尽力したいと考えている。

末筆ながら、石川県民ならびに石川県を訪問される皆さまに、今後とも、安心・安全な「能登牛」を提供できることを心から祈っている。

写真　石川県立大学で畜産を学ぶ学生らと意見交換会に挑
　　　む大屋氏（前列中央）
　　　　　　（山中麻帆氏撮影）

3．能登牛と共に（寺岡　一夫）

　昭和 21 年（1946 年）に富来町に生まれ、幼少の頃から父の仕事の手伝いで牛の世話をしながら過ごしており、牛と共に成長した貴重な経験を有する。1961 年に制定された「畜産物の価格安定等に関する法律」による食肉規格格付け事業と共に広がりを見せた牛肉ブランド化の時流を背景に、能登牛を広めるため、ブランド化が必須であると訴え、関連団体に精力的に働きかけ、1995 年に「能登牛銘柄推進協議会」が設立され、能登牛認定基準が定められブランド化された。その一方で、牛を肥育する農家が少ないため能登牛そのものの頭数が少ないことが課題として挙げられた。能登牛の生産農家が成長していける市場環境にすることが大切と考え、市場の活性化に尽力した。

　その後、食肉加工施設や能登牛を専門に扱うレストランの設立などを通して、能登牛の販路拡大にも積極的に取り組んできた。特に、「能登生まれ能登育ちの能登牛」を推進し、地域の地場産業の振興にも大きく貢献してきたと考えている。能登牛の生産基盤の強化のみならず、能登牛生産を通した地域の産業振興は、極めて重要な課題で、持続可能な生産体制の構築に極めて重要な役割を担ってきたと感じている。このような広範囲にわたる偉大な功績から、2018 年に叙位叙勲が授与された。

　近年では、能登牛の本来のおいしさにこだわったブランド力の強化に精力的に取り組んでいる。また、能登牛の販路拡大において極めて重要な認知度の向上について、能登牛の希少部位を活用した商品開発にも尽力している。このように、能登牛の

生産から食卓まで包括的な推進に精力的に取り組んでいる。

　能登牛の知名度も全国有数のものとなり、能登牛と共に育ってきた私にとって、能登牛の成長は極めて嬉しく、これらの能登牛の発展に期待を寄せているところである。これからの能登牛の在り方では、真の価値を見出せるかにかかっており、地域と共に成長し続けることを祈念する。

写真　第12回全国和牛能力共進会（2022年）で、若雌の部
　　　で1等賞を受賞した牛と共に記念撮影
　　　　　　　　（松下亜由氏撮影）

4. 能登牛の未来を夢見て（平山　琢二）

　平成7年（1995年）から琉球大学に赴任して以来、和牛生産に関する教育研究に携わってきた。特に和牛の地域ブランドや生産基盤の強化に関する研究を通して、地域のブランド力強化を推進してきた。その一方で、未利用資源の飼料化などにも取り組み、和牛の生産コストの削減など、生産基盤の強化に関する教育研究も推進してきた。近年では、アニマルウェルフェア（家畜のストレスや苦痛を減らし、快適性に配慮した飼育法）に配慮した飼養技術に関する研究を推進している。また、地域資源を活用し付加価値を付与した家畜生産に関する研究も推進している。

　平成30年（2018年）4月に、縁あって石川県立大学に赴任した。初めての土地での仕事で、戸惑うことも多かったものの、周りの方々の多大なる協力のおかげで、赴任早々に能登牛を活用した教育研究を行える環境にたどり着くことができた。教育では、主に「牛」という生き物への理解を深めてもらい、肉牛生産の実践を通して課題を抽出させ、それら課題解決について卒業研究などを活用して議論を深めていけるよう行っている。また、牛の取扱いについても、定期的なハンドリング実習などを通して教育している。

　これまで、数件の生産者と共に学生教育や共同研究を実施してきた。そのような中で、学生教育へとても協力的な方が多いと感じている。また、意欲的で多くのことに積極的に挑戦しようとする方も多い。これらは、大学における実践型教育の実施

において、極めて重要で、担い手育成にも繋げていければと考えている。学生教育において、実践の場を通して家畜生産について学べるという点で、全国的にも特色のある取り組みで、魅力的な教育法である。今後、このような取り組みを深化させ、能登牛の担い手育成でも関係団体と連携して進める必要があると考える。

　能登牛は、全国的に見ても出荷頭数が少なく"幻の和牛"と呼ばれている。その一方で、能登牛の脂質の質は極めて高く、全国的にも能登牛ブランドの知名度は、他の地域ブランドと比べても比較的高いと感じている。能登牛の生産量は他の地域に比べると見劣りする部分はあるものの、生産者の向上意欲が高く、関連団体においても、能登牛の推進に積極的に取り組んでおり、そのようなことから能登牛の将来は、極めて明るいと感じている。

　能登牛の年間出荷頭数は、現在 1300 頭付近で推移している。環境問題や土地柄などを考慮すると、桁を超えての増頭は極めて困難だと感じている。したがって、能登牛の将来を考えた場合、その肉質を高め、希少価値を持たせた戦略を推進することが重要であると考える。一方、能登牛はのどかで自然豊かな能登地域で生まれ、能登地域で育った能登牛をストーリーとしたイメージ戦略も重要である。

　さらに、このような能登牛のイメージ戦略を後押しできるよう、家畜生産の現場で広がりつつあるアニマルウェルフェアを取り入れた生産基盤の強化も重要だと感じている。また、取引

先も都心などとした国内消費のみをターゲットとするのではなく、ヨーロッパやアジアなどを中心とし、“アニマルウェルフェアに配慮して、のどかな自然環境で育てられた安心・安全で、肉質の高い能登牛”などとするフレーズで、海外へ積極的に進出することも今後、必要不可欠な戦略であろうと考える。アニマルウェルフェアへの取り組みでは、世界的に見て日本は後進国と言わざるを得ない状況にある。世界的に浸透しつつあるアニマルウェルフェアを戦略的に推進・活用することが、今後の我が国の畜産の発展においては重要であると考える。

　このように、能登牛の生産頭数の飛躍的な伸びは見込めずとも、「質」、「世界」で戦える和牛ブランドとしての資質や環境は十分に持ち合わせている。これからも、能登牛の躍進に、学生教育や大学研究を通して尽力していきたい。

　能登地域で育まれながら育った能登牛を世界に！そのための生産基盤の強化を、産官学で取り組み、末永い能登牛の発展と地域振興に繋げていければと祈念する。

写真　能登牛を学ぶ学生らと一緒に（中央）
（石川県立大学広報提供）

第9章
日本の牛にまつわるあれこれ

1. 肉用牛の生産サイクル

　日本における肉用牛の生産は、主に繁殖から肥育までを行う一貫経営、繁殖のみを行う繁殖経営、肥育のみを行う肥育経営に大別される。後者の分業で繁殖と肥育に分かれて行われている場合が多い。

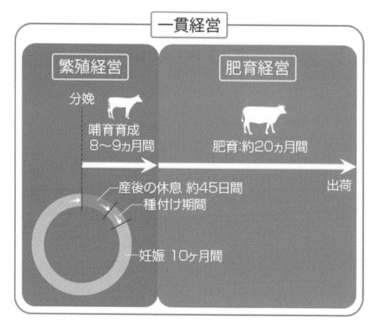

図　一般的な肉用牛の経営体制
中央畜産会 HP より転載

　母牛（繁殖雌牛）は年に 1 回の分娩が可能である。15 ヵ月齢頃に種付けされ、25 ヵ月齢頃に初回分娩を迎える。

　その後は、平均 7 回の出産を繰り返す。生まれた子牛は、繁殖農家で約 10 ヵ月間育てられ、体重 300 kg 前後になると、家畜市場に出荷され、肥育農家に引き取られる。なお、役目を終えた母牛は、その後、肥育されて食肉市場に出荷される。

　肥育農家に引き取られた子牛はその後、肥育農家で 20 ヵ月程度育てられ、30 ヵ月齢で 700 kg 前後になると、食肉市場に出荷される。

　したがって、母牛の出生から起算すると、種付け、子牛の生産、肥育、肉牛の出荷を経て、我々の食卓に牛肉が届くまでにおよそ 5 年の歳月を要することとなる。

　これらは黒毛和種での場合で、ホルスタイン種の雄牛の場合、成長が早いことから約 25 ヵ月齢で食肉市場へ出荷される。また、交雑種でも黒毛和種よりも出荷が早くなる傾向にある。近年では、黒毛和種でも成長の早い系統が出回っており、27 ヵ月齢で出荷する場合が多くなっている。雌牛が初めて子牛を産むのは、生後約 15 ヵ月の飼養期間が必要となる。さらに妊娠期間は 280 日と長く、約 24 ヵ月齢程度で初めての子牛が産まれることになる。豚や鶏などに比べて繁殖効率が極めて悪いサイクルとなるが、1 頭当から取れる肉の量は、豚や鶏よりもかなり多く、さらに、1 頭当たりの単価も高くなる。このようなことから、肉用繁殖牛の経営においては、種付け、妊娠、出産のサイクルを効率よく行うことが重要となる。

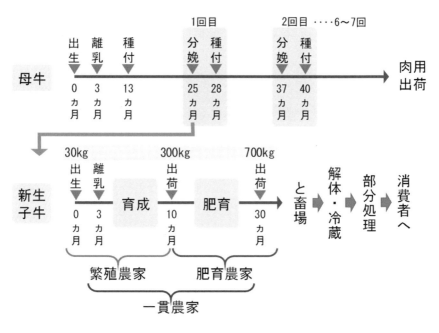

図　一般的な肉用牛のライフサイクル

　一方、肥育牛の場合、家畜市場から子牛を導入し肥育して出荷される。導入時には、ルーメンの発達を促すために飼い直しをする場合が多い。導入後約13ヵ月齢までは肥育前期と呼ばれ、骨格や筋肉などの発達が活発な時期となる。その後19ヵ月齢までを肥育中期と呼び、主に筋肉の発達を促す時期となる。その後、25ヵ月齢までを肥育後期と呼び、肥育後期では主に脂肪交雑が盛んに行われる時期となる。したがって、ビタミンによる脂肪交雑のコントロールを行うのもこの時期となる。その後、出荷までを仕上げとして、肉色をあげるなどが行われる場合が

ある。肥育後期では、転倒や衝突などの事故によって、枝肉の瑕疵部分が出る場合があるため、特に注意を払う必要がある。

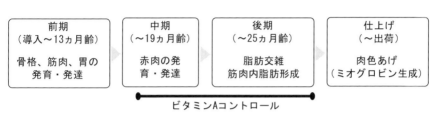

| 前期
（導入～13ヵ月齢）

骨格、筋肉、胃の
発育・発達 | 中期
（～19ヵ月齢）

赤肉の発
育・発達 | 後期
（～25ヵ月齢）

脂肪交雑
筋肉内脂肪形成 | 仕上げ
（～出荷）

肉色あげ
（ミオグロビン生成） |

ビタミンAコントロール

図　一般的な肥育牛の飼養スケジュール

2. 牛肉の格付け（公益社団法人日本食肉格付協会資料より抜粋）

　我々の食生活に必要不可欠な物資となっている牛肉は、畜産農家で肥育された肥育牛が、と畜場でと畜・解体され、食肉卸売市場や食肉センターなどでの取引を経て、枝肉から部分肉そして精肉へと流通する。

　食肉の取引は、主に枝肉の形で、全国 200 余ヵ所の食肉卸売市場、食肉センター等で行われる。これらの場所で取引される食肉の価格は、畜産農家にとっては主要な収入、また食肉流通業者にとっては消費者が購入する食肉の店頭価格に直結する仕入れ値に相当する大変重要な意味を持っている。このため、これらの場所での食肉の価格形成は公正に行われる必要がある。

　全国の食肉卸売市場、食肉センター等において、全国統一の枝肉の取引規格に基づき、中立の立場で、取引される食肉について1頭毎に格付け（品質評価）が行われている。この格付け

が全国共通の食肉の品質指標とされ、この品質指標に基づき全国各地の食肉卸売市場、食肉センターなどで公正な取引が行われている。このように、全国統一の取引規格に基づく格付け（品質評価）により初めて公正で自由な食肉取引が推進され、公正な食肉価格の形成が行われ、畜産農家や消費者の利益に資することになる。

　また、格付け結果（食肉の品質評価）は畜産農家にとって生産物の品質に関する重要な情報で、これらを基に雌牛や交配に使用する雄牛（精液）を選択し、飼育管理の改善を図ることが可能となる。さらに、家畜の育種改良機関では、全国的な格付け結果のデータを基に優良な雌牛や雄牛の育種改良を図ることができる。このように牛肉の格付けは、畜産農家の経営改善や家畜の育種改良の推進に大きく貢献する。枝肉の格付けは、公益社団法人日本食肉格付協会が農林水産省の承認を得て制定した「牛枝肉取引規格」及び「豚枝肉取引規格」に基づき、全国の食肉卸売市場及び基幹的な産地食肉センターなどで実施される。牛肉の格付けは、枝肉歩留まりから評価する「歩留等級」と肉質から評価する「肉質等級」から構成されている。

　牛枝肉取引規格の適用条件は以下の通り定められている。

（1）この規格は、別で定められた解体整形方法（82頁の表参照）によって整形した冷却枝肉を対象とするものとし、温枝肉については、これを準用するものとする。

（2）この規格は、品種、年令、性別にかかわらず、いずれの枝

　　肉にも適用するものとする。ただし、子牛の枝肉には適用
　　しないものとする。

（3）この規格は、枝肉の2分体で第6～第7肋骨間において平
　　直に切り開き、胸最長筋、背半棘筋及び頭半棘筋の状態並
　　びにばら、皮下脂肪及び筋間脂肪の厚さがわかるようにし
　　たものに適用するものとする。ただし、当分の間、明らか
　　に外観上、「歩留等級」が「C」であって、かつ、「肉質等級」が
　　「1」に該当するものと認められる枝肉については、切り開か
　　なくても差し支えないものとする。

（4）この規格の適用については、歩留及び肉質のそれぞれにつ
　　いて等級の格付けを行い、連記して表示するものとする。
　　また、枝肉に瑕疵の認められるものについては、瑕疵の状
　　況を別記2の種類区分により等級の表示に付記して表示す
　　るものとする。

（5）「歩留等級」の適用基準は原則として「A」は別記3に定める
　　算式により算出された歩留基準値が72以上、「B」は69以上
　　72未満、「C」は69未満とする。ただし、上記の規定にかか
　　わらず枝肉が以下のいずれかに該当する場合には、1等級
　　下に格付けしても差し支えないものとする。

　①切開面における筋間脂肪が、枝肉重量及び胸最長筋面積に
　　対して相対的に厚いもの
　②「もも」の厚みに欠け、かつ、「まえ」と「もも」の釣合を著し
　　く欠くもの

（6）「肉質等級」は、「脂肪交雑」、「肉の色沢」、「肉の締まり及びきめ」並びに「脂肪の色沢と質」の4者について判定するものとし、その項目別等級のうち、最も低い等級に格付けするものとする。なお、肉質等級は以下の通り格付けされる。

①「脂肪交雑」のうち胸最長筋の脂肪交雑の適用基準は、「肉質等級5」はビーフ・マーブリング・スタンダード（BMS）No.8（2+）以上、「同4」はBMS No.5（1+）以上、「同3」はBMS No.3（1-）以上、「同2」はBMS No.2（0+）以上とし、「同1」はBMS No.1（0）とする。

②「肉の色沢」のうち肉色の適用基準は、「肉質等級5」はビーフ・カラー・スタンダード（BCS）No.3からNo.5までのもの、「同4」はBCS No.2からNo.6までのもの、「同3」はBCS No.1からNo.6までのもの、「同2」はBCS No.1からNo.7までのものとし、「同1」は「同5」から「同2」までに該当しないものとする。

③「脂肪の色沢と質」のうち脂肪の色の適用基準は、「肉質等級5」はビーフ・ファット・スタンダード（BFS）No.1からNo.4までのもの、「同4」はBFS No.1からNo.5までのもの、「同3」はBFS No.1からNo.6までのもの、「同2」はBFS No.1からNo.7までのものとし、「同1」は「同5」から「同2」までに該当しないものとする。

表　解体および整形方法

項目	要領
はく皮	真皮に沿ってはく皮する
頭部切断	はく皮後、後頭骨端と第1頸椎との間で切断する
内臓割去	腹側の正中線に沿って切り開き、胸骨及び骨盤結合を縦に鋸断し、肛門及び外陰部は周囲組織より分離し、横隔膜は体壁付着部より切離する 腎臓及び腎臓脂肪は枝肉に残し、その他の内臓はすべて摘出する 陰茎、精巣、乳房（未経産を除く）は切除する
前肢切断	手根骨と中手骨の間を切断する
後肢切断	足根骨と中足骨の間を切断する
尾切断	尾根部は第1〜第2尾椎間で切断する
枝肉の分割	尾椎及び仙椎を縦断し、脊柱の中央に沿って左右の半丸枝肉に切断する
半丸枝肉の切開	第6肋骨と第7肋骨との間で平直に切り開く

（公益社団法人日本食肉格付協会資料より転載）

表 瑕疵の種類区分と表示法

瑕疵の種類	表示
多発性筋出血（シミ）	ア
水　　腫（ズル）	イ
筋　　炎（シコリ）	ウ
外　　傷（アタリ）	エ
割　　除（カツジョ）	オ
そ　の　他	カ

（公益社団法人日本食肉格付協会資料より転載）

（1）歩留等級

　歩留等級決定の歩留基準値は次の式により算出する。

歩留基準値＝67.37　＋〔0.130×胸最長筋面積（cm²）〕

　　　　　　　　　＋〔0.667×「ばら」の厚さ（cm）〕

　　　　　　　　　－〔0.025×冷と体重量（半丸枝肉 kg）〕

　　　　　　　　　－〔0.896×皮下脂肪の厚さ（cm）〕

　ただし、肉用種枝肉の場合には 2.049 を加算して歩留基準値とするものとする。なお、歩留基準値の加算対象となる肉用種とは、黒毛和種、褐毛和種、日本短角種及び無角和種の 4 品種、並びにこの 4 品種間の交雑牛とする。

表　歩留等級の区分

等級	歩留基準値	歩留
A	72 以上	部分肉歩留が標準より良いもの
B	69 以上 72 未満	部分肉歩留の標準のもの
C	69 未満	部分肉歩留が標準より劣るもの

（公益社団法人日本食肉格付協会資料より転載）

　歩留等級の決定は、上記のとおりであるが、この規定にかかわらず枝肉が次のいずれかに該当する場合には、1 等級下に格付けしても差し支えないものとする。

①切開面における筋間脂肪が、枝肉重量及び胸最長筋面積に対して、相対的に厚いもの。

②「もも」の厚みに欠け、かつ、「まえ」と「もも」の釣合を著しく欠くもの。

（2）肉質等級

　肉質項目は、「脂肪交雑」、「肉の色沢」、「肉の締まり及びきめ」、「脂肪の色沢と質」の4項目である。前3項目の判定部位は、第6～第7肋骨間切開面における胸最長筋並びに背半棘筋及び頭半棘筋の断面とする。「脂肪の色沢と質」の判定部位は、切開面の皮下脂肪、筋間脂肪、枝肉の外面及び内面脂肪とする。肉質等級の区分は5区分で、等級呼称は5、4、3、2、1とする。

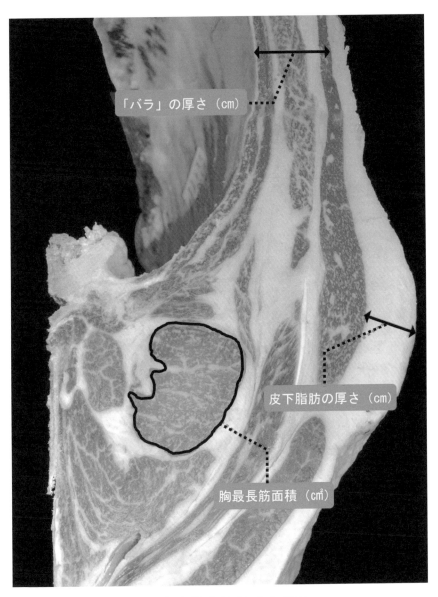

図　牛肉枝肉格付けの部位
（公益社団法人日本食肉格付協会資料を基に作成）

表 肉質等級

等級	脂肪交雑	肉の色沢	肉の締まり及びきめ	脂肪の色沢と質
5	胸最長筋並びに背半棘筋及び頭半棘筋における脂肪交雑がかなり多いもの	肉色及び光沢がかなり良いもの	締まりはかなり良く、きめがかなり細かいもの	脂肪の色、光沢及び質がかなり良いもの
4	胸最長筋並びに背半棘筋及び頭半棘筋における脂肪交雑がやや多いもの	肉色及び光沢がやや良いもの	締まりはやや良く、きめがやや細かいもの	脂肪の色、光沢及び質がやや良いもの
3	胸最長筋並びに背半棘筋及び頭半棘筋における脂肪交雑が標準のもの	肉色及び光沢が標準のもの	締まり及びきめが標準のもの	脂肪の色、光沢及び質が標準のもの
2	胸最長筋並びに背半棘筋及び頭半棘筋における脂肪交雑がやや少ないもの	肉色及び光沢が標準に準ずるもの	締まり及びきめが標準に準ずるもの	脂肪の色、光沢及び質が標準に準ずるもの
1	胸最長筋並びに背半棘筋及び頭半棘筋における脂肪交雑がほとんどないもの	肉色及び光沢が劣るもの	締まりが劣り又はきめが粗いもの	脂肪の色、光沢及び質が劣るもの

（公益社団法人日本食肉格付協会資料より転載）

（3）枝肉格付け

　規格の等級表示は、歩留等級と肉質等級のそれぞれを次の表示区分によって表示される。

表　規格と格付け表示

歩留等級	肉質等級				
	5	4	3	2	1
A	A5	A4	A3	A2	A1
B	B5	B4	B3	B2	B1
C	C5	C4	C3	C2	C1

（公益社団法人日本食肉格付協会資料より転載）

　近年の格付けでは、歩留まり等級と肉質等級のみではなく、霜降り度を示す BMS No. も併せて表示する場合が多い。

表 BMS No. と脂肪交雑等級の関係

	BMS No.											
	1	2	3	4	5	6	7	8	9	10	11	12
等級区分	1	2	3		4			5				

（公益社団法人日本食肉格付協会資料より転載）

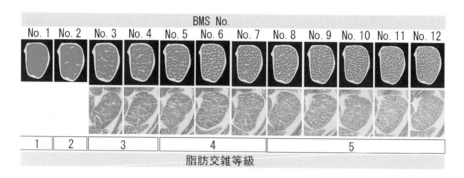

胸最長筋の BMS No.
（公益社団法人日本食肉格付協会資料より転載）

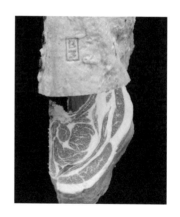

等級の表示例
（公益社団法人日本食肉格付協会資料より転載）

3. 牛肉のさまざまな部位

　牛肉は、脂の入り具合や食感などが部位によって大きく異なっており、多彩に味わえるのが魅力の一つともいわれる。

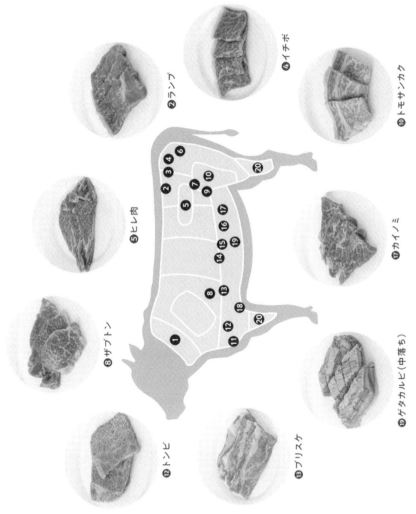

図　牛肉の部位（正肉）
（農林水産省 HP より転載）

図中の番号・部位名称	特徴
①ネック： Neck	首筋の部位。肉質は硬いがよく運動する部分なのでコクとうま味をたっぷりと含んでいる。コンビーフなどに加工される。
②ランプ： Rump	お尻に近いもも肉で、きめ細かく柔らかい肉質が特徴。適度に脂身があるが、赤身が多くさっぱりとした上品なうま味を味わえる
③ラムシン： Rump Roast	ランプとイチボの間に位置する部位。赤身と脂身のバランスが良く、もも肉のなかでもヒレ肉に次ぐ繊細な柔らかさ。
④イチボ： H-bone	もも肉でありながら、サーロインに似た味わい。適度な霜降りが入り、赤身肉らしい濃厚で独特の深みを感じられる。
⑤ヒレ肉： Tenderloin	脂肪が少なく柔らかい部位。繊細できめ細かく、しっとりとした肉質からはうま味が溢れる。
⑥そともも： Bottom Round	きめが粗く、しっかりとした食感の赤身肉。肉本来の濃いうま味が特徴。「ナカニク」、「シキンボウ」、「ハバキ」に小分けされる。
⑦ダルマ： Top（Inside）Round	うちももの中でも一番柔らかい部位。たっぷりと含んだ肉汁が特徴の柔らかい赤身。ローストビーフやたたきとして食べられる。

⑧ザブトン： Chuck Flap Tail	肩ロースの中でもしっかりと霜降りが入る部位。上品で柔らかい食感とコクのある味わいが特徴。特上ロースとして提供される。
⑨うちもも： Top Round	牛肉の中では脂肪が少なくヘルシーな赤身肉。他の部位に比べ水分量が多く、ローストビーフや煮込み料理によく使われている。
⑩トモサンカク： Tri-Tip	もも肉の中でも美しく霜降りが入った部位。赤身のうま味に加え、上品な脂身の甘味と濃厚なコクを味わえる。別名「ヒウチ」
⑪クリミ： Shoulder Clod	前脚上部の肉で運動量が多い部位のため、脂肪が少なくさっぱりとした味わいの赤身肉。少しクセがあるが濃いうま味が特徴。
⑫トンビ： Chuck Tender	肩甲骨付近にある赤身肉で淡白な味わいながらうま味が強く、肉汁を多く含む。ローストビーフやたたきなどに使用される。別名
⑬ブリスケ： Brisket	ばら肉の一部で、繊維質で肉質は硬め。赤身と脂身はほぼ半々で、コラーゲンを豊富に含み、噛むほどに濃厚なうま味が味わえる。
⑭カルビ（タテバラ）： Short Rib	カルビは韓国語で「あばら骨の肉」の意味。一般的にばら肉のことを指す。食感は少し硬めだが、コク深く脂身の甘味が強い。

⑮インサイドスカート： Inside Skirt	横隔膜（ハラミ）の付近で、それに似た食感。繊維質だが柔らかい肉質で、赤身肉のうま味と程よく入った脂身の甘味も楽しめる。
⑯カッパ： Flanken Rib	腹の皮と脂身の間にある赤いスジ肉。しっかりとした嚙み応えで濃厚なうま味が溢れる。薄切りにするか煮込みにすることが多い。
⑰カイノミ： Bottom Flap	ばら肉の中でもヒレに近い部位。赤身肉の歯応えがありながらも非常に柔らかく、さっぱりとした上品な甘味を感じられる。
⑱三角バラ： Chuck Rib	ばら肉の中でも最上級の肉質。きめが細かく美しい霜降りが入っているので、脂の甘味と赤身のうま味が同時に味わえる。
⑲ゲタカルビ（中落ち）： Rib Finger	肋骨と肋骨の間についたばら肉で、赤身と脂身が層になっている部位。ばら肉の中ではやや硬めの肉質で、こってりとした濃厚な味わい。
⑳ハトチマキ： Shank	すね肉の一部。煮込み料理に適しているすね肉の中でも、特に柔らかい肉質が特徴で焼肉としても食べられる。

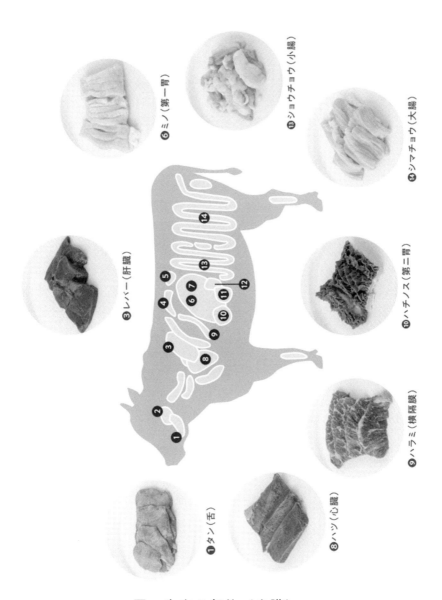

図　牛肉の部位（内臓）
（農林水産省 HP より転載）

図中の番号・部位名称	特徴
①タン（舌）： Tongue	弾力がありサクサクとした歯応えの肉質で、上品な甘味を感じられる。根元にいくほど柔らかく、舌先になるほど硬くなる。
②ホホニク（ほほ肉）： Cheek	頬肉に位置し、運動量が多いため硬い肉質の赤身肉。ゼラチン質を多く含んでおり、強いうま味が特徴。別名「ツラミ」
③レバー（肝臓）： Liver	なめらかな歯触りが特徴。特有の濃厚なコクと甘味を感じられる。火を通し過ぎるとパサパサになるので注意が必要。
④サガリ（横隔膜）： Hanging Tender	ハラミと同じく横隔膜の一部。ハラミよりも脂が少なめであっさりしている。
⑤マメ（腎臓）： Kidney	香りに独特のクセがあるが、味は淡白で食感はコリっとしている。脂肪が少なく、ビタミンを豊富に含んでいる
⑥ミノ（第1胃）： Mountain Chain Tripe	牛の胃の中で最も大きく肉厚で引き締まった肉質。コリコリとした歯応えのある食感が特徴。淡白な味わいでクセも少ない。
⑦ミノサンド（第1胃）： Mountain Chain Tripe	ミノのなかでも濃厚な脂を挟んだ厚みのある部分。コリっとした食感と上質な脂の甘味を楽しめる。

⑧ハツ（心臓）： Heart	筋繊維が細かく、コリコリとして歯切れが良い。脂や臭みは少なく、味は淡白。ビタミンB1、B2などが含まれる。
⑨ハラミ（横隔膜）： Outside Skirt	横隔膜の肉を指す。肉厚で柔らかくジューシーな肉質が特徴。濃厚なコクとうま味があり、赤身肉のように見えるが実は内臓である。
⑩ハチノス（第2胃）： Honeycomb Tripe	蜂の巣に似ている形状からこの名前がつけられた。胃の中ではあっさりとして、独特の食感と噛むほどに滲み出るうま味が特徴。
⑪センマイ（第3胃）： Book Tripe	ヒダが何層にも重なった形をしており、シコシコとした食感が特徴。脂肪が少なく、クセもないためあっさりとした味わい。
⑫ギアラ（第4胃）： Abomasum	脂を多く含み、他の胃と比べると薄く噛み切りやすい。噛むほどに脂の甘味を感じられる。別名「赤センマイ」
⑬ショウチョウ（小腸）： Small Intestine	ぷるぷるとした脂身と噛み応えのある筋肉を同時に楽しめる。別名「コプチャン」「コテッチャン」。
⑭シマチョウ（大腸）： Large Intestine	ホルモンの代表的な存在。脂がたっぷりでコシのある歯応え。濃い甘味があり噛みしめるほど味わい深くなる。別名「マルチョウ」「テッチャン」。

付録

写真集

肉牛生産指導場の種雄牛「平和号」を前に
（肉牛生産指導場 50 年のあゆみより転載）

肉牛生産指導場での子牛党則審査風景
（肉牛生産指導場 50 年のあゆみより転載）

肉牛生産指導場の種雄牛舎と地下サイロ
（肉牛生産指導場 50 年のあゆみより転載）

肉牛生産指導場の種雄牛「政澄号」の運動風景
（肉牛生産指導場 50 年のあゆみより転載）

肉牛生産指導場の種雄牛の手入れ風景
（肉牛生産指導場 50 年のあゆみより転載）

肉牛生産指導場での緬羊の放牧風景
（肉牛生産指導場 50 年のあゆみより転載）

肉牛生産指導場で馬車による飼料運搬
（肉牛生産指導場 50 年のあゆみより転載）

肉牛生産指導場関係者の懇談会風景
（肉牛生産指導場 50 年のあゆみより転載）

肉牛生産指導場の家畜審査講習会風景
（肉牛生産指導場 50 年のあゆみより転載）

肉牛生産指導場の家畜審査講習会風景
（肉牛生産指導場 50 年のあゆみより転載）

肉牛生産指導場で家畜審査講習会風景（学科）
（肉牛生産指導場 50 年のあゆみより転載）

肉牛生産指導場の家畜審査講習会風景（実技）
（肉牛生産指導場 50 年のあゆみより転載）

肉牛生産指導場の耕運機による耕耘講習会
（肉牛生産指導場 50 年のあゆみより転載）

肉牛生産指導場の放牧風景（1968 年頃）
（肉牛生産指導場 50 年のあゆみより転載）

肉牛生産指導場の放牧風景（平成 4 年）
（肉牛生産指導場 50 年のあゆみより転載）

肉牛生産指導場の冬期の運動場風景
（肉牛生産指導場 50 年のあゆみより転載）

手作業によるサイロへの飼料詰込み風景
（肉牛生産指導場 50 年のあゆみより転載）

肉牛生産指導場の気密スチールサイロの詰込み作業風景
（肉牛生産指導場 50 年のあゆみより転載）

肉牛生産指導場のスタックサイロの現地貯蔵
（肉牛生産指導場 50 年のあゆみより転載）

肉牛生産指導場の連産記録牛（第五ゆう）
（肉牛生産指導場 50 年のあゆみより転載）

肉牛生産指導場の昼夜放牧風景
（肉牛生産指導場 50 年のあゆみより転載）

選抜された繁殖候補牛
（肉牛生産指導場 50 年のあゆみより転載）

シャロレー種の肥育試験
（肉牛生産指導場 50 年のあゆみより転載）

F1 の肥育試験
（肉牛生産指導場 50 年のあゆみより転載）

スターグラスの品種選定試験
（肉牛生産指導場 50 年のあゆみより転載）

肉牛生産指導場のギシギシの防除試験
（肉牛生産指導場 50 年のあゆみより転載）

ギシギシの抜取り作業風景
　（肉牛生産指導場 50 年の
あゆみより転載）

飼料作物の品種選定試験
（肉牛生産指導場 50 年のあゆみより転載）

木枠、踏圧による人力乾草梱包作業風景
（肉牛生産指導場 50 年のあゆみより転載）

コンパクトベーラーによる乾草梱包作業風景
（肉牛生産指導場 50 年のあゆみより転載）

肉牛生産指導場のサイレージ調製作業（細断積込）
（肉牛生産指導場 50 年のあゆみより転載）

第 46 回金祈祷会北陸連合肉牛共進会風景
（能登畜産センター所蔵資料）

飼料用米利活用講習会
（石川県畜産課提供）

和牛の審査練習会
（石川県畜産課提供）

山間部を活用した和牛の放牧生産に関する講習会
（石川県畜産課提供）

2017 年　能登牛繁殖センター開所
（石川県畜産課提供）

2019 年　能登牛の販促イベント
（石川県畜産課提供）

2019 年　JA 全農いしかわ能登牛肥育実験農場開所
（石川県畜産課提供）

2020 年　能登牛の販促イベント
（石川県畜産課提供）

2021 年　和牛子牛へのブラッシング風景
（大野愛恵氏撮影）

2021 年　枝肉共進会での
格付け見学風景
（山中麻帆氏撮影）

2022 年　和牛能力共進会で
の能登牛展示ブース
（平山琢二氏撮影）

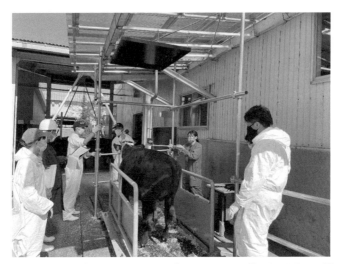

2022 年　北陸 3 県合同子牛セリでの体重測定風景
（眞田歩佳氏撮影）

2022 年　能登牛生産現場を視察する大学生
板倉畜産（上）
能登牛繁殖センター（下）
（眞田歩佳氏撮影）

2022 年　和牛能力共進会出品牛の視察
（松下亜由氏撮影）

2022 年　能登牛認定店前にて
（眞田歩佳氏撮影）

2022 年　本書の執筆に向けて会合
（松下亜由氏撮影）

著者紹介

谷本 正憲（たにもと まさのり）

1945 年 4 月 16 日生まれ（兵庫県）

略歴

1968 年 3 月	京都大学法学部卒業
1968 年 4 月	自治省入省
1975 年 8 月	島根県総務部財政課長
1982 年 10 月	宮崎市助役
1986 年 4 月	茨城県環境局
1988 年 4 月	茨城県総務部長
1990 年 4 月	自治省行政局公務員部公務員第二課長
1990 年 7 月	自治省財政局交付税課長
1991 年 7 月	自治省財政局公営企業第一課長
1991 年 12 月	石川県副知事
1994 年 3 月	石川県知事（7 期）
2022 年 4 月	石川県公立大学法人理事長（在職中）

大屋 俊英（おおや としひで）

1951 年 2 月 12 日生まれ（石川県）

略歴

1969 年 4 月	石川県入庁
1990 年 4 月	石川県農林水産部畜産課係長
1995 年 4 月	石川県畜産試験場科長
1998 年 4 月	石川県農林水産部畜産課主幹
2005 年 4 月	石川県畜産総合センター能登畜産センター所長
2007 年 4 月	石川県農林水産部生産流通課担当課長
2011 年 4 月	石川県農林水産部次長（畜産振興）
2014 年 4 月	（一社）石川県農業開発公社理事
2016 年 4 月	石川県農林水産部参与（畜産振興）（5 期）
2018 年 4 月	（公社）石川県畜産協会専務理事（在職中）
	石川県農業教育振興会理事（在職中）
	能登牛認定店審査委員（在職中）

寺岡 一夫（てらおか かずお）

1946 年 3 月 20 日生まれ（石川県）

略 歴

1962 年 4 月	食肉小売業（在職中）
1963 年 8 月	家畜商業（在職中）
1972 年 5 月	寺岡畜産株式会社代表取締役（38 年間）
1972 年 5 月	石川県家畜商業協同組合理事（38 年間）
1983 年 5 月	富来町議会議員（12 年間）
1987 年 5 月	富来町議会副議長（3 年間）
1991 年 5 月	富来町議会長（2 年間）
1991 年 5 月	石川県町村議会議長会副議長（2 年間）
2002 年 4 月	寺岡畜産グループ会長（在職中）
2008 年 6 月	志賀町体育協会会長（5 年間）
2009 年 6 月	石川県立志賀高校振興会理事長（在職中）
2010 年 6 月	公益社団法人石川県畜産協会理事（在職中）
2012 年 6 月	志賀町体育協会顧問（在職中）
2014 年 5 月	石川県家畜商業協同組合理事長（在職中）
2017 年 12 月	合同会社能登牛繁殖センター代表（在職中）

平山 琢二（ひらやま たくじ）

1968 年 11 月 25 日生まれ（沖縄県）

略歴

1995 年 3 月	琉球大学大学院農学研究科畜産学専攻修士課程修了
1995 年 6 月	琉球大学助手（農学部） （亜熱帯フィールド科学教育研究センター）
1997 年 2 月	内地研究員（東北大学）1 年間
2000 年 1 月	博士号（農学）取得（東北大学）
2000 年 4 月	鹿児島大学大学院連合農学研究科助手 （併任）
2001 年 4 月	沖縄県立農業大学校非常勤講師
2003 年 2 月	海南師範大学（中国、海南省）客員研究員
2005 年 2 月	文部科学省「海外先進教育支援プログラム派遣研究員」（海南師範大学、中国海南省）
2006 年 4 月	JICA 非常勤講師
2016 年 6 月	滋賀県立大学准教授（環境科学部）
2018 年 4 月	石川県立大学教授（生物資源環境学部） （在職中）
2018 年 4 月	滋賀県立大学非常勤講師（環境科学部） （在職中）

編集後記

　本書籍では、これまでまとめられてこなかった「能登牛」について、広く取りまとめたものとなります。特に "牛" についても、詳しく概説されており、読者にとって能登牛を通して牛への理解を深化させられる点で、とても読み応えのある本だと感じています。

　単なる書物のみならず、「牛」そのものについて、体系的に学べる書籍として、とても貴重だと感じています。さらに、「牛のあれこれ」では、牛肉の格付けなど、普段知ることの少ない牛に関する豆知識についても詳細に記されており、とても興味深く読み込める内容です。

　本書の後半には、著者による「能登牛」への想いが綴られており、著者の能登牛への熱い想いを感じられる一冊になっています。

　これからも、和牛の食文化を育みながら、能登牛の発展を温かく見守り、励まし、導いて下さればと思います。

平山琢二

能登牛〜能登で育まれた牛の軌跡〜

2023年5月10日　第1刷発行

　執筆者　谷本正憲　石川県公立大学法人理事長
　　　　　大屋俊英　公益社団法人石川県畜産協会専務理事
　　　　　寺岡一夫　寺岡畜産グループ会長
　　　　　平山琢二　公立大学法人石川県立大学教授
　発行所　能登印刷出版部
　　　　　〒920-0855　金沢市武蔵町7番10号
　　　　　TEL（076）222-4595
　印　刷　能登印刷株式会社

ISBN978-4-89010-824-4